21世纪应用型本科计算机专业实验系列教材

计算机操作系统实践教程

总主编　常晋义
编　著　韩立毛　李先锋
主　审　赵跃华

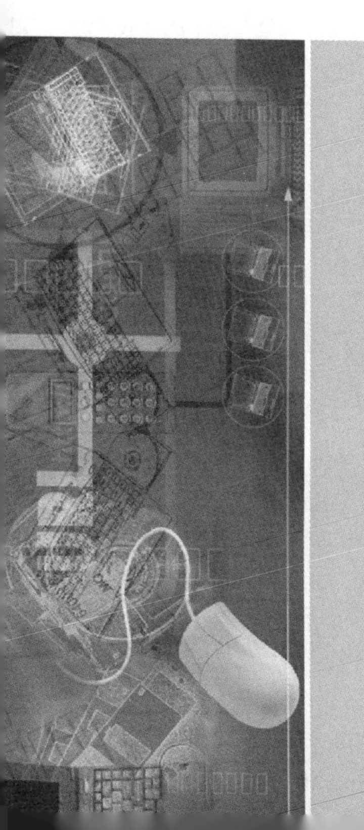

南京大学出版社

图书在版编目(CIP)数据

计算机操作系统实践教程 / 韩立毛，李先锋编著 . — 南京：南京大学出版社，2011.10(2022.8 重印)
21 世纪应用型本科计算机专业实验系列教材
ISBN 978-7-305-08952-7

Ⅰ. ①计… Ⅱ. ①韩… ②李… Ⅲ. ①操作系统—高等学校—教材 Ⅳ. ①TP316

中国版本图书馆 CIP 数据核字(2011)第 208321 号

出版发行 南京大学出版社
社　　址 南京市汉口路 22 号　　　邮　编 210093
出 版 人 金鑫荣

丛 书 名 21 世纪应用型本科计算机专业实验系列教材
书　　名 计算机操作系统实践教程
编　　著 韩立毛　李先锋
责任编辑 樊龙华　　　编辑热线 025-83597482

照　　排 南京南琳图文制作有限公司
印　　刷 南京玉河印刷厂
开　　本 787×960　1/16　印张 15.25　字数 318 千
版　　次 2022 年 8 月第 1 版第 4 次印刷
ISBN 978-7-305-08952-7
定　　价 45.00 元

网址：http://www.njupco.com
官方微博：http://weibo.com/njupco
官方微信号：njupress
销售咨询热线：(025) 83594756

21世纪应用型本科计算机专业实验系列教材

序 言

实践教学是巩固基本理论和基础知识、提高学生分析问题和解决问题能力的有效途径，是应用型本科院校培养具有创新意识的高素质应用型人才的重要环节。

计算机专业课程的特点，使得实验教学无论在掌握计算机学科理论和原理，还是培养学生运用计算机解决应用问题的能力方面，都占有十分重要的位置。为了进一步推进实践教学质量的提高，由江苏省应用型本科院校联合组织来自计算机专业教学一线的教师，编写了“21世纪应用型本科计算机专业实验系列教材”。教材涵盖了计算机基础训练、软件基础训练、硬件基础训练、信息系统与数据库训练、网络工程训练、综合设计训练等六大重要实践体系，包括了实验指导和实验报告、实训练习等组成部分，为应用型本科计算机专业教学提供教学参考与交流平台。

实验指导和实验报告是教材的主体。实验指导用来指导学生完成一些基本功能的练习，为最后完成实验报告打下基础。在此基础上，通过实验教师的辅导，学生独立完成实验报告中综合性的实验任务。实验的安排按照“点—线—面”循序渐进的方式进行。“点”即验证性实验，实现课程中需要学生动手做的实验；“线”指设计性实验，应用一个知识点解决实际问题；“面”是综合性实验，应用几个知识点解决实际问题。

实训练习用于课外提高，题目内容提高了复杂性和综合性，注意了应用背景的描述，注重了知识的综合运用和应用环境的设计。结合学科领域新技术、新方法，增加综合性、设计性、创新性实验，将最新科技成果融入到实验教材和实验项目中，有利于学生创新能力培养和自主训练。

实验教材的编写出版得到了江苏省应用型本科院校的支持与积极参与，各院校精心挑选经验丰富的教师参与教材编写，并对选择的实验体系与实验内容进行了广泛讨论和系统优化，使其具有代表性、先进性和实用性。教材编写中力求简明实用、条理清晰，突出实验原理、实验方法，便于学生对实验原理的理解和指导实验操作。体现了认知上的循序渐进，利于教师因材施教和学生能力培养，以适合应用型人才培养的需要。

实验教材的编辑出版凝聚了江苏省应用型本科计算机专业教学一线教师的经验和智慧，也是应用型本科计算机专业教学成果的一次展示。在出版、使用和教学中，编委会将广泛听取读者的意见和建议，不断探索，总结经验，逐步完善教材体系，不断更新教学内容，充分发挥实验教材在应用型人才培养中的作用。

真诚希望使用本系列教材的教师、学生和读者朋友提出宝贵意见或建议，以便进一步修订，使教材不断完善。编委会的邮箱是：testbooks@163.com。

编委会

2010 年 7 月

前　言

计算机操作系统是计算机系统中最重要的系统软件，计算机操作系统课程是计算机类各专业的主干课程之一，也是计算机类硕士研究生入学统一考试的课程之一。由于计算机操作系统课程的知识点多、概念性强且抽象，特别是实践操作对于掌握计算机操作系统的组成结构、设计思想、实现原理及技术应用等极其重要。为此，作者在多年从事计算机操作系统课程教学和研究工作的基础上编写了此书。

全书共分三篇，第一篇为计算机操作系统上机实践基础（第 1 章至第 7 章），内容包括 Linux 基本环境、进程管理与通信、内存管理、文件管理、设备管理、用户接口、内核模块；第二篇为计算机操作系统上机实验（第 8 章至第 15 章），内容包括 Linux 基本操作实验、进程管理实验（进程的创建、进程的控制、进程的互斥）、进程通信实验（信号通信、管道通信、消息传递、共享存储区）、分区与页式存储管理实验、简单文件系统设计实验、设备管理与驱动实验、Shell 与系统调用实验、内核模块实验；第三篇为计算机操作系统课程设计（第 16 章至第 17 章），内容包括进程调度算法的模拟实现、生产者与消费者问题的模拟实现、银行家算法的模拟实现、页面置换算法的模拟实现、简单文件系统的模拟实现。

本书是针对计算机操作系统课程而编写的上机实践教材，系统地概括了课程实践的主要背景知识，对重点难点内容分析透彻，指导学生学习和实践，融教学与练习于一体，实现操作系统理论与实践的逐步推进。本书适用于计算机类各专业学生的计算机操作系统课程学习实践，是一本不可多得的指导上机实践的实用教程。

本书是作者根据多年的教学和实践经验，并参考大量的资料编写而成的。本书的第一篇和第二篇主要由韩立毛编写，第三篇主要由李先锋编写，全书由韩立毛统稿定稿，由江苏大学赵跃华教授主审。在教材出版过程中得到了 21 世纪应用型本科计算机专业实验系列教材编委会的支持，得到了盐城工学院教材出版基金的资助，同时也得到了我校信息工程学院胡波等老师、南京大学出版社蔡文彬编辑的帮助和支持，在此一并表示感谢。

由于时间仓促，加之编者水平有限，书中难免存在一些错误和缺点，希望广大读者批评指正。

编　者

2011 年 10 月

目　录

第一篇　计算机操作系统上机实践基础

第三篇　计算机操作系统课程设计

第一篇　计算机操作系统上机实践基础

第1章　Linux基本操作环境

本章是Linux基本操作环境的实践背景知识，主要内容有Linux的登录与退出、Linux常用命令、Linux系统主要目录、vi文本编辑器、gnu c编译器、gdb调试工具、Linux系统下C语言程序的运行等。通过本章内容的学习，重点掌握Linux系统常用基本操作命令的使用、vi文本编辑器的使用、Linux系统下C语言程序的运行。

Linux系统是一个多任务、多用户操作系统。当有多个用户同时使用一台机器时，Linux系统可以分时地运行不同用户的应用程序。为了区分各个用户，每个用户都必须有自己独立的账号，系统要求每一个合法用户在使用Linux系统之前，首先必须按照自己的身份进行登录。

1.1　Linux的登录与退出

1.1.1　用户登录

1. 超级用户登录

第一次登录时，超级用户可以通过用户名root及口令来登录。键入用户名为root，然后输入口令，这样就登录了。这时，就可以按root身份来使用Linux系统，对整个系统拥有一切权利。

2. 普通用户登录

当以普通用户登录时，输入用户名之后，还应在提示输入口令时，将正确的口令键入，这样才能进入Linux系统，向系统提交命令。

从安装了Windows操作系统的机器登录到Linux服务器，具体操作如下：

(1) 单击“开始”→“程序”→“附件”→“命令提示符”或者“开始”→“运行”→cmd;

(2) 在命令提示符下输入：

telnet [主机的IP地址] ↙

也可以通过：“开始”→“运行”中键入telnet IP地址

例如:telnet 192.168.0.254 ↙

(3) 输入用户名及密码

login:　　　＃输入用户名

password:　＃输入密码

1.1.2 退出和关机

在停止使用系统时,需要退出系统。否则,其他用户就可能使用你的账号,做一些可能会产生严重后果的事,比如将你的文件系统删除、修改注册口令等。

1. 退出系统

退出系统的方法有很多,可以使用 exit 或 logout 命令,或使用组合键 Ctrl+D。例如:

$ exit ↙

$ logout ↙

2. 关机

普通用户一般没有关机权限,只有系统管理员(root 身份的特权用户)才能关闭系统。由于 Linux 系统是多用户系统,所以在接有多终端的 Linux 系统中,除系统管理员之外,可能还有很多用户通过各种方式使用 Linux 主机。另外,在正常工作时,系统为提高访问和处理数据的速度,将很多进行中的工作驻留在内存中,如果突然关机,系统内核来不及将缓冲区的数据写到磁盘上,就会丢失数据甚至破坏文件系统。因此,系统管理员不能以直接关闭电源的方式来停止 Linux 系统的运行,而需要按正常顺序关机。

关机的方法主要有:使用 halt 或 shutdown 命令,也可以同时键入<Ctrl+Alt+Del>。例如,如果使用 halt 命令,最后会显示关机的信息:

The system is halted.

System halted.

这时才可以关闭主机电源。

1.2 Linux 常用命令

1.2.1 Linux 命令格式

1. 命令格式

命令 [选项] [处理对象]

例如:

$ ls-la mydir ↙

2. 注意事项

(1) 命令一般是小写字母,注意字母大小写有别。

(2) 选项以减号(－)再加上一个或多个字符表示，用来选择一个命令的不同操作。

(3) 同一行可有多个命令，命令之间应以分号隔开。

(4) 命令后面加上符号“&”，可以使该命令在后台执行。

1.2.2　目录操作

Linux 系统采用树型目录结构，由根目录(/)开始一层层建立子目录，各子目录以“/”隔开。用户登录以后，工作目录的位置称为 home 目录，由系统管理员设定。用符号“～”代表自己的 home 目录，例如：～/myfile 是指自己 home 目录下 myfile 这个文件。

Linux 的通配符有三种：“－”、“ * ”和“?”。其中：“?”代表所在位置上的任意一个字符；“ * ”代表所在位置开始的一串字符；“－”代表区间内的任一字符，如 test[0 - 5]即代表 test0，test1……，test5 的集合。

1. 显示文件目录命令(ls)

格式：ls　[-atFlgR] [name]　　// name 可为文件或目录名称

例如：

$ ls↙　　#显示当前目录下的文件目录

$ ls -a↙　　#显示当前目录下包含隐藏文件的所有文件目录

$ ls -t↙　　#按照文件最后修改时间显示文件目录

$ ls -F↙　　#显示当前目录下的文件及其类型

$ ls -l↙　　#显示当前目录下所有文件和目录的许可权、拥有者、文件大小、修改时间及名称

$ ls -lg↙　　#同上

$ ls -R↙　　#显示当前目录及其子目录下的文件目录

2. 建新目录命令(mkdir)

格式：mkdir directory-name

例如：

$ mkdir dir1　　#新建一名为 dir1 的子目录

3. 删除目录命令(rmdir)

格式：rmdir directory-name

例如：

$ rmdir dir1↙　　#删除子目录 dir1，但它必须是空目录，否则无法删除

$ rm -r dir1↙　　#删除子目录 dir1 及其下的所有文件及子目录

$ rm -rf dir1↙　　#不管目录是否空，统统删除，且不给出提示，用时要小心

4. 改变工作目录命令(cd)

格式：cd [name]

例如：

$ cd↙ #改变目录位置至用户login时的工作目录

$ cd dir1↙ #改变目录位置至dir1目录

$ cd～user↙ #改变目录位置至用户的工作目录

$ cd..↙ #改变目录位置至当前目录的上层目录

$ cd../user↙ #改变目录位置至上一级目录下的user目录

$ cd/dir1/dir2↙ #改变目录位置至绝对路径/dir1/dir2

$ cd-↙ #回到当前目录前的上一个目录

5. 显示当前目录所在位置命令(pwd)

格式：pwd

6. 查看目录大小命令(du)

格式：du [-s] directory

例如：

$ du dir1↙ #显示子目录dir1文件目录及其大小

$ du -s dir1↙ #显示子目录dir1的大小

1.2.3 文件操作

1. 查看文件内容命令(cat)

格式：cat filename或more filename

例如：

$ cat file1↙ #以连续显示方式显示文件file1的内容

$ more file1↙ #以分页方式显示文件file1的内容

2. 删除文件命令(rm)

格式：rm filename

例如：

$ rm file?↙ #删除文件名中前4个字符为“file”、第5个字符任意的所有文件

$ rm f*↙ #删除文件名以字符“f”开头的所有文件

3. 复制文件命令(cp)

格式：cp [-r] source destination

例如：

$ cp file1 file2↙ #将文件file1复制成文件file2

$ cp file1 dir1↙ #将文件file1复制到子目录dir1中

$ cp/tmp/file1↙ #将目录/tmp中的文件file1复制到当前目录中

$ cp/tmp/file1 file2 ↙　　　#将/tmp 目录下的文件 file1 复制到当前目录中，文件名为 file2

$ cp r dir1 dir2 ↙　　　#复制整个目录

4. 移动或更改文件名、目录名命令(mv)

格式：mv source destination

例如：

$ mv file1 file2 ↙　　　#将文件名 file1 更名为 file2

$ mv file1 dir1 ↙　　　#将文件 file1 移动到目录 dir1 中

$ mv dir1 dir2 ↙　　　#将目录名 dir1 更名为 dir2

5. 比较文件或目录的内容命令(diff)

格式：diff [-r] name1 name2　　#name1、name2 同为文件或目录

例如：

$ diff file1 file2 ↙　　　#比较文件 file1 与文件 file2 的不同处

$ diff-r dir1 dir2 ↙　　　#比较目录 dir1 与目录 dir2 的不同处

6. 文件中字符串的查找命令(grep)

格式：grep string file

例如：

$ grep abc file1 ↙　　　#查找并列出文件 file1 中含有串"abc"所在的整行文字

7. 文件或命令的路径寻找命令

格式 1：where is command　// 显示命令的路径

格式 2：which command　// 显示路径及使用者所定义的别名

格式 3：what is command　// 显示命令的功能摘要

格式 4：find search-path-name filename-print　// 搜寻指定路径下某文件的路径

格式 5：locate filename

根据系统预先生成的文件/目录数据库(/var/lib/slocate/slocate.db)查找匹配的文件/目录，查找速度很快，如果有刚进行的文件改变而系统未到执行定时更新数据库的时间，可以打入 updatedb 命令手动更新。

1.2.4　系统询问与权限口令

1. 查看系统中的使用者命令(who)

格式：who

2. 改变自己的账号与口令命令(su)

格式：su username

例如：

$ su username ↙ #输入账号
password: #输入密码

3. 文件属性的设置命令(chmod)

功能:改变文件或目录的读、写、执行的允许权。

格式:chmod [-R] mode name

其中:① [-R]为递归处理,将指定目录下所有文件及子目录一并处理;② mode 为 3～8 位数字,是文件/目录读、写、执行允许权的缩写(r:read,数字代号为"4";w:write,数字代号为"2";x:execute,数字代号为"1")。

mode:	rwx	rwx	rwx
	user	group	other
缩写:	(u)	(g)	(o)

例如:

$ chmod 755 dir1 ↙ #将目录 dir1 设定成任何人皆有读取及执行的权利,但只有拥有者可以进行写修改。其中 7=4+2+1,5=4+1。

$ chmod 700 file1 ↙ #将文件 file1 设置为拥有者可以读、写和执行
$ chmod u+x file2 ↙ #将文件 file2 增加拥有者可执行的权利
$ chmod g+x file3 ↙ #将文件 file3 增加组使用者可执行的权利
$ chmod o-r file4 ↙ #将文件 file4 除去其他使用者可读取的权利

4. 改变文件或目录所有权命令(chown)

格式:chown [-R] username name

例如:

$ chown user file1 ↙ #将文件 file1 改为 user 所有
$ chown . fox file2 ↙ #将文件 file2 改为 fox 组所有
$ chown user. fox file3 ↙ #将文件 file3 改为 fox 组的 user 所有
$ chown-R user dir1 ↙ #将目录 dir1 及其下所有文件和子目录改为 user 所有

5. 检查用户所在组名命令(groups)

格式:groups

6. 改变文件或目录的组拥有权命令(chgrp)

格式:chgrp [-R] groupname name

例如:

$ chgrp vlsi file1 ↙ #将文件 file1 改为 vlsi 组所有
$ chgrp -R image dir1 ↙ #将目录 dir1 及其下所有文件和子目录改为 image 群组

7. 改变文件或目录的最后修改时间命令(touch)

格式:touch name

1.2.5　进程操作

1. 查看系统当前的进程命令(ps)

格式:ps [-aux]

例如:

$ ps↙或 ps -x↙　　#查看系统中属于自己的进程

$ ps -au↙　　#看系统中所有使用者的进程

$ ps -aux↙　　#看系统中包含系统内部及所有使用者的进程

$ ps -aux|grep apache↙　　#查看系统中运行的所有名称中带有"apache"串的进程

2. 查看在后台中执行的进程命令(jobs)

格式:jobs

3. 结束或终止进程命令(kill)

格式:kill [－9] PID　　#ID 为利用 ps 命令所查出的进程 ID

例如:

$ kill 456↙或 kill －9 456↙#终止进程 ID 为 456 的进程

4. 后台执行的命令(&)

格式:command&　　#在命令后加上 &

例如:

$ gcc file1& ↙　　#在后台编译 file1.c

5. 结束或终止在后台中的进程命令(kill)

格式:kill%n

例如:

$ kill%2↙　　#终止在后台运行的第二个 job

6. 显示系统中程序的执行状态命令(top)

例如:top -q　　#不断地更新、显示系统程序的执行状态

显示结果的第 1 行项目依次为当前时间、系统启动时间、当前系统登录用户数目、平均负载;第 2 行为进程情况,依次为进程总数、休眠进程数、运行进程数、僵死进程数、终止进程数;第 3 行为 CPU 状态,依次为用户占用、系统占用、优先进程占用、闲置进程占用;第 4 行为内存状态,依次为平均可用内存、已用内存、空闲内存、共享内存、缓存使用内存;第 5 行为交换状态,依次为平均可用交换、已用、闲置、高速缓存容量。

按<Ctrl+C>停止查看。

7. 以树状图显示执行的程序命令(pstree)

例如:

$ pstree -h↙　　#列出进程树并高亮度标出当前执行的程序

8. 监视虚拟内存命令(vmstat)

vmstat 对系统的虚拟内存、进程、CPU 活动进行监视,同时它也对磁盘和 forks 和 vforks 操作的个数进行汇总。

1.2.6　进程通信

1. 本地工作站与 Linux 服务器间的文件传输(ftp)

格式:ftp 主机名　或　ftp 主机的 IP 地址

ftp 后续执行步骤见表 1-1 所示。

表 1-1　ftp 后续执行步骤

name:	输入账号
password:	输入密码
ftp>help	显示 ftp 可使用的所有命令
ftp>lcd dir1	改变本地机当前目录为 dir1
ftp>get file1	将 Linux 服务器文件 file1 拷到本地机
ftp>put file2	将本地文件 file2 拷到 Linux 服务器
ftp>! ls	显示本地机当前目录中所有文件目录
ftp>! pwd	显示本地机当前目录所在位置
ftp>ls	显示 Linux 服务器当前目录中所有文件目录
ftp>dir	显示服务器当前目录中所有文件目录
ftp>pwd	显示 Linux 服务器当前目录所在位置
ftp>cd dir1	更改 Linux 服务器的目录至 dir1 中
ftp>mget *. c	将服务器中. c 文件拷到本地机中
ftp>mput *. txt	将所有. txt 文件拷贝到 Linux 服务器
ftp>quit	结束 ftp 工作
ftp>bye	结束 ftp 工作

2. 检查与 Linux 服务器连接是否正常的命令(ping)

格式:ping hostname 或 ping IP 地址

例如:

$ ping 127. 1. 1. 1 ↙

3. 将文件作为邮件的内容送出(mail)

格式:mail -s "Subject-string" username@address<filename

例如：

$ mail -s "program" user <file.c↙　　#将 file.c 作为 mail 的内容送至 user，subject name 为 program

4. 传送邮件给本地 Linux 服务器上的用户命令(mail)

格式：mail username

5. 查看网络连接命令(netstat)

1.2.7　I/O 命令

1. 管道的使用

格式：command1|command2

功能：将 command1 的执行结果送给 command2 作为输入。

例如：

$ cat file1|more↙　　#以分页方式列出 file1 的内容

2. 输入改向

格式：command -line<file　　#将 file 作为 command-line 的输入

例如：

$ mail -s "mail test" user@iis.sinica.edu.tw<file1↙　　#将文件 file1 作为信件的内容，subject 名称为 mail test 送给收信人

3. 输出改向

格式 1：command>filename

功能：将命令 command 的执行结果送至指定的文件 filename 中。

例如：

$ ls -1>list↙　　#将命令"ls -1"的执行结果写入文件 list 中

格式 2：command>&filename

功能：将命令 command 执行所产生的信息写入文件 filename 中。

格式 3：command>>filename

功能：将命令 command 的执行结果，附加到文件 filename 中。

1.2.8　其他常用命令

1. 显示在线帮助命令(man)

格式：man command

例如：

$ man ls↙　　#查看 ls 命令的用法

2. 显示说明命令(info)

格式:info command -name

例如:

$ info gcc ↙

功能:查看 gcc 的说明,按上下箭头选定菜单,回车进入,"u"键返回上级菜单。

Linux 系统常用命令如表 1-2 所示。

表 1-2 Linux 常用命令

命令名	功 能	使用举例
cp	复制文件	$cp 源文件 目标文件
rm	删除文件	$rm 文件名
mkdir	创建新目录	$mkdir 目录名
rmdir	删除目录	$rmdir 目录名
pwd	显示当前目录位置	$pwd
ps	显示进程状态	$ps
ls	显示当前目录下的文件目录	$ls-1
cat	显示文件的内容	$cat 文件名
cd	改变当前目录	$cd 路径名
mv	移动文件	$mv 源文件 目标文件
more	分页显示文件内容	$ls-1|more
chmod	改变文件权限	$chmod 777 文件名
clear	清屏	$clear

1.3 Linux 系统主要文件目录

1.3.1 二进制文件目录

/bin:二进制(binary)目录,包含了那些供系统管理员和普通用户使用的重要 Linux 命令的可执行文件。目录/usr/bin 下存放了大部分的用户命令。

1. 一些常用的命令

bash、cat、chmod、cp、date、echo、kill、ln、mail、mkdir、more、mv、ps、pwd、rm、rmdir、sh、stty、su、tcsh、uname 和 vi。

2. 一些用于系统恢复的命令

tar、gzip、gunzip和zcat。

3. 一些网络命令

domainname、hostname、netstat和ping。

1.3.2 启动文件目录

/boot:在这个目录下存放系统启动时要用到的程序,包括Linux内核的二进制映像。内核文件名是vmlinux加上版本和发布信息。

1.3.3 设备文件目录

/dev:这个目录中包含了所有linux系统中使用的外部设备,但是这里并不是放的外部设备的驱动程序。

1.3.4 系统管理文件目录

/etc:这个目录下存放了系统管理时要用到的各种配置文件和子目录。网络配置文件、文件系统、Linux系统配置文件、设备配置信息、设置用户信息等都在这个目录下。

1.3.5 库文件目录

/lib:这个目录是用来存放系统动态链接共享库的。几乎所有的应用程序都会用到这个目录下的共享库。

1.3.6 根用户目录

/root:根目录是用户的主目录。如果用户是以超级用户的身份登录的,这个目录就是超级用户的主目录。

1.3.7 安装文件目录

/mnt:主要用来临时装载文件系统,系统管理员运行mount命令完成装载工作。

1.3.8 系统信息目录

/proc:该目录存放了进程和系统信息,可以在这个目录下获取系统信息。这些信息是由系统自己产生的。

1.3.9 系统管理目录

/sbin,/usr/sbin,/usr/root/sbin:这些目录是用来存放系统管理的工具、应用软件和由超级用户运行的管理命令。

1.3.10 用户的主目录

/home:存放用户的主目录。如果建立一个用户,用户名是"ji",那么在/home目录下就有一个对应的/home/ji路径,用来存放用户的主目录。

1.3.11 用户文件目录

/usr:该目录是Linux文件系统中最大的目录之一,它存放可以在不同主机间共享的只读数据。

1.3.12 临时文件目录

/tmp:用来存放不同程序执行时产生的临时文件。

1.3.13 附加软件包目录

/opt:该目录用来安装附加软件包。

1.3.14 易变的数据文件目录

/var:用来存放易变的数据文件,这些数据在系统运行过程中会不断变化。如:/var/spool/mail存放收到的电子邮件,/var/log存放系统的日志。

1.4 vi文本编辑器

Linux系统文件可分为二进制文件和文本文件。二进制文件通常是由编译程序生成的,而文本文件既可以由程序生成也可以用编辑器来创建。Linux系统下可运行多种编辑器,有行编辑程序,如ed和ex;也有全屏编辑程序,如vi和emacs等。

1.4.1 vi简介

vi是Linux系统提供的标准屏幕编辑程序,它虽然很小,但功能很强,是所有UNIX和Linux系统中最常用的文本编辑器。

利用vi进行编辑文件时,屏幕显示的内容是被编辑文件的一个窗口。在编辑过程中,vi只是对文件的副本进行修改,而不直接改动源文件,因此用户可以随时放弃修改的结果,返回原始文件。只有当编辑工作告一段落,用户明确地发出保存修改结果的命令时,vi才将修改后的文件取代原始文件。

vi编辑器有两种模式:命令模式和输入模式。使用者进入vi后,首先处在命令模式下,此刻键入的任何字符皆被视为命令,可进行删除、修改、存盘等操作;在输入模式下键入的内容直接作为文本；只要按下＜Esc＞键，就可以转换为命令模式。

1.4.2　命令模式

1. 命令模式与输入模式的切换

进入 vi 编辑器后，首先处于命令模式。在命令模式下，输入 a、A、i、I 命令可以进入输入模式。

在输入模式下，按＜Esc＞键可切换到命令模式。

在命令模式下，可选用表 1－3 中的命令退出 vi。

表 1－3　退出 vi 的命令

:q!	离开 vi，并放弃在缓冲区内编辑的内容
:wq	将缓冲区内的内容写入磁盘中，并离开 vi
:ZZ	同:wq
:x	同:wq
:w	将缓冲区内的内容写入磁盘中，但并不离开 vi
:q	离开 vi。若文件内容被修改过，则会被要求确认是否放弃修改的内容，此指令可与:w 配合使用，如本表中第 2 行

2. 命令模式下光标的移动

在命令模式下，光标的移动如表 1－4 所示：

表 1－4　vi 命令模式下的光标移动

H	左移一个字符
J	下移一个字符，即下移一行
K	上移一个字符，即上移一行
L	右移一个字符
0	移至该行的行首
$	移至该行的行末
^	移至该行的第一个字符处
(、)	移至该句首、句末
{、}	移至该段首、段末
NG	移至该文件的第 n 列
N^+	移至光标所在位置之后第 n 列
N^-	移至光标所在位置之前第 n 列

1.4.3 输入模式

输入模式的进入与输入模式下的命令如表 1-5 所示：

表 1-5 vi 输入模式的进入及输入模式下的命令

a	进入输入模式，且在光标之后插入内容
A	进入输入模式，且在该行之末插入内容
i	进入输入模式，且在光标之前插入内容
I	进入输入模式，且在该行之首插入内容
o	新增一空行于该行之下，供输入内容用
O	新增一空行于该行之上，供输入内容用
Dd	删除当前光标所在行
x	删除当前光标字符
X	删除当前光标之前字符
U	撤消
•	重做
F	查找
s	替换，例如：将文件中的所有“FOX”换成“duck”，用“：%s/FOX/duck/g”
Esc	离开输入模式

1.5 gnu c 编译器

Linux 系统中可用的 C 编译器是 gnu c 编译器，它建立在自由软件基金会编程许可证的基础上，可以自由发布。gnu c 编译器(gcc)是一个全功能的 ANCI C 兼容编译器，下面介绍 gcc 编译器的使用及最常用的一些选项。

1.5.1 使用 gcc 及常用选项

通常在 gcc 后面跟一些选项和文件名来使用 gcc 编译器。

gcc 命令的基本用法如下：

gcc [options] [filenames]

命令行选项指定的编译过程中的具体操作：

gcc 有超过 100 个的编译选项可用，这些选项中的许多可能永远都不会用到，但一些主要的选项将会被频繁使用。很多的 gcc 选项包括一个以上的字符，因此必须为每个选项指定各自的连字符，并且就像大多数 Linux 命令一样不能在一个单独的连字符后跟一组选项。

当不用任何选项编译一个程序时，gcc 将建立（假定编译成功）一个名为 a. out 的可执行文件。例如：

$ gcc test. c↙

编译成功后，当前目录下就产生了一个 a. out 文件。

也可用-o 选项来为即将产生的可执行文件指定一个文件名来代替 a. out。例如：

$ gcc -o count count. c↙

此时得到的可执行文件就不再是 a. out，而是 count。

gcc 也可以指定编译器处理步骤的多少。-c 选项告诉 gcc 仅把源代码编译为目标代码而跳过汇编和连接步骤。这个选项使用得非常频繁，因为它编译多个 C 程序时速度更快且更易于管理。默认时，gcc 建立的目标代码文件有一个. o 的扩展名。

1.5.2　gcc 编译常用格式

(1) gcc 源文件名

例如：

$ gcc aaa. c↙　　　　　#将生成默认可执行文件 a. out

(2) gcc -o 目标文件名 源文件名

例如：

$ gcc -o aaa aaa. c↙　　#将生成可执行文件 aaa

(3) gcc 源文件名-o 目标文件名

例如：

$ gcc aaa. c -o aaa. out↙ #将生成可执行文件 aaa. out

(4) 执行程序

格式：. /可执行文件名

例如：

$. /a. out↙

1.6　gdb 调试工具

Linux 系统中包含了一个 gdb 的 gnu 调试程序。gdb 是一个用来调试 C 和 C++程序的强有力调试器，它能在程序运行时观察程序的内部结构和内存的使用情况。它具有以下一些功能：监视程序中变量的值、设置断点以使程序在指定的代码行上停止执行、一行行的执行代码。

1.6.1　gdb 的使用

为了使 gdb 正常工作，必须使程序在编译时包含调试信息。调试信息包含程序里的每个变量的类型和在可执行文件里的地址映射以及源代码的行号。gdb 利用这些信息使源代码和机器码相关联。在编译时,使用-g 选项打开调试选项。

应用举例:设有一源程序 greet. c

(1) gcc 编译

$ gcc -g gdb -o greet greet. c　　　#编译,若程序有错,则用调试工具

(2) gdb 调试

$ gdb greet　　　#出现提示符(gdb),此时可在提示符下输入 gdb 的命令

(3) 调试分析

(gdb)run

(gdb)list

(4) 退出调试状态,返回系统提示符下

(gdb)quit

1.6.2 gdb 基本命令

表 1-6 gdb 基本命令

命　令	描　述
file	装入欲调试的可执行文件
kill	终止正在调试的程序
list	列出产生执行文件的源代码部分
next	执行一行源代码但不进入函数内部
step	执行一行源代码并进入函数内部
run	执行当前被调试的程序
quit	终止 gdb
watch	监视一个变量的值而不管它何时被改变
break	在代码里设置断点,使程序执行到这里时被挂起
make	不退出 gdb 就可以重新产生可执行文件
shell	不离开 gdb 就执行 Linux shell 命令

1.7 Linux 系统下 C 语言程序的运行

下面举例说明在 Linux 系统下使用 vi 编辑器编辑、gcc 编译工具编译、运行 C 语言程序的过程。

1.7.1　编辑源程序

(1) 在命令行键入 vi filename.c↙　　#vi 命令是打开 vi 编辑器，后面的 filename.c 是用户即将编辑的 c 文件名字，注意扩展名字是.c。

(2) 输入命令 I。当进入刚打开的文件时，不能写入信息，这时按一下键盘上的<I>键，插入的意思，就可以进入输入模式了。

(3) 当文件编辑完成后，需要保存退出，这时需要经过以下几个步骤：

① 按一下键盘上的<Esc>键；

② 键入冒号(:)，紧跟在冒号后面是 wq(保存并退出)。如果不想保存退出，则在第二步键入冒号之后，键入 q!（不带 w，表示不保存）。

1.7.2　编译源程序

退出 vi 编辑器之后，要对刚才编写的源程序进行编译。

编译命令的格式：gcc filename.c [-o outputfilename.out]，其中，① gcc 是 c 的编译器；② 参数 filename.c 是要编译的源文件的名称；③ 参数 outputfilename 表示输出文件名称，方括号表示内部的内容可输入也可以不输入(括号本身不在命令行中出现)。如果不输入 outputfilename.out，则默认的输出文件是 a.out。

1.7.3　运行

最后一步是运行程序，方法如下：

$ ./outputfilename.out

第2章　进程管理与通信

本章是进程管理与通信的实践背景知识，主要内容有进程及其创建、进程状态及其控制、进程互斥、信号通信机制、管道通信机制、消息传递机制、共享存储区等。通过本章内容的学习，重点掌握进程的创建和控制以及互斥相关系统调用和方法，理解进程通信的信号通信机制、管道通信机制、消息传递机制、共享存储区四种基本方法。

2.1　进程及其创建

2.1.1　Linux 进程

在 Linux 系统中，进程既是一个独立拥有资源的基本单位，又是一个独立调度的基本单位。一个进程实体由若干个区(段)组成，包括程序区、数据区、栈区、共享存储区等。每个区又分为若干页，每个进程配置有唯一的进程控制块 PCB，用于控制和管理进程。Linux 系统 PCB 的数据结构有：进程表项、U 区、系统区表项、进程区表、进程映像。

1. 进程表项

进程表项包括一些最常用的核心数据：进程标识符 PID、用户标识符 UID、进程状态、事件描述符、进程和 U 区在内存或外存的地址、软中断信号、计时域、进程的大小、偏置值 nice、指向就绪队列中下一个 PCB 的指针 P_Link、指向 U 区进程正文、数据及栈在内存区域的指针。

2. U 区

U 区用于存放进程表项的一些扩充信息。每一个进程都有一个私用的 U 区，其中含有：进程表项指针、真正用户标识符 u-ruid、有效用户标识符 u-euid、用户文件描述符表、计时器、内部 I/O 参数、限制字段、差错字段、返回值、信号处理数组。

由于 Linux 系统采用段页式存储管理，为了把段的起始虚地址变换为段在系统中的物理地址，便于实现区的共享，所以还有系统区表项、进程区表、进程映像。

3. 系统区表项

系统区表项存放各个段在物理存储器中的位置等信息。系统把一个进程的虚地址空间划分为若干个连续的逻辑区，有正文区、数据区、栈区等。这些区是可被共享和保护的独立实体，多个进程可共享一个区。为了对区进行管理，核心中设置一个系统区表，各表项中记录了有关描述活动区的信息：区的类型和大小、区的状态、区在物理存储器中的位置、引用计数、指向文件索引结点的指针。

4. 进程区表

系统为每个进程配置了一张进程区表。表中每一项记录一个区的起始虚地址及指向系统区表中对应的区表项。核心通过查找进程区表和系统区表，便可将区的逻辑地址变换为物理地址。

5. 进程映像

Linux 系统中，进程是进程映像的执行过程，也就是正在执行的进程实体。进程映像由三部分组成：① 用户级上、下文，主要成分是用户程序；② 寄存器上、下文，由 CPU 中的一些寄存器的内容组成，如 PC、PSW、SP 及通用寄存器等；③ 系统级上、下文，包括操作系统管理进程所用信息，有静态和动态之分。

2.1.2 进程创建的相关系统调用

1. fork()系统调用

(1) 功能

创建一个新进程。

(2) 调用格式

pid=fork()；

(3) 参数定义

int fork()

(4) fork()返回值

① 在子进程中，pid 变量保存的 fork()返回值为 0，表示当前进程是子进程。

② 在父进程中，pid 变量保存的 fork()返回值为子进程的 id 值(大于 0，进程唯一标识符)。

③ 创建失败，返回值为－1。

如果 fork()调用成功，它向父进程返回子进程的 pid，并向子进程返回 0，即 fork()被调用了一次，但返回了两次。此时操作系统在内存中建立一个新进程，所建的新进程是调用 fork()父进程的副本，称为子进程。子进程继承了父进程的许多特性，并具有与父进程完全相同的用户级上下文。父进程与子进程并发执行。

(5) 系统核心为 fork()进行的操作

① 为新进程分配一进程表项和进程标识符。进入 fork()后，核心检查系统是否有足够的资源来建立一个新进程。若资源不足，则 fork()系统调用失败；否则，核心为新进程分配一进程表项和唯一的进程标识符。

② 检查同时运行的进程数目。超过预先规定的最大数目时，fork()系统调用失败。

③ 拷贝进程表项中的数据。将父进程的当前目录和所有已打开的数据拷贝到子进程

表项中，并置进程的状态为“创建”。

④ 子进程继承父进程的所有文件。对父进程当前目录和所有已打开的文件表项中的引用计数加 1。

⑤ 为子进程创建进程上、下文。进程创建结束，将子进程状态设为“内存中就绪”并返回子进程的标识符。

⑥ 子进程执行。虽然父进程与子进程程序完全相同，但每个进程都有自己的程序计数器 PC（注意子进程的 PC 开始位置），然后根据 pid 变量保存的 fork()返回值的不同，执行了不同的分支语句。

通常，先用 fork()创建一个新进程，然后新进程通过调用 exec 系列函数执行真正的任务。

例如：

```
#include <stdio.h>
#include <unistd.h>
#include <stdlib.h>
int main (void)
{
    pid_t pid;
    if((pid=fork())<0)
    {
        printf("fork failed\n");
        exit(1);
    }
    else


        if(pid==0)          /* 子进程执行进入此部分 */
        {  execlp("echoall","echoall",(char *)0);}
        else                /* 父进程 */
        {  printf("fork successed! \n");
           exit(0);
        }
}
```

如果函数 fork()调用成功，当前进程就拥有了一个子进程。该函数返回两个值，其中在子进程中返回 0，在父进程中返回的是子进程的 pid 值。

2. exit()系统调用

(1) 功能

终止进程的执行。

(2) 调用格式

void exit(status)

int status;

其中,status是返回给父进程的一个整数,以备查考。

为了及时回收进程所占用的资源并减少父进程的干预,Linux利用exit()来实现进程的自我终止,通常父进程在创建子进程时,应在进程的末尾安排一条exit(),使子进程自我终止。exit(0)表示进程正常终止,exit(1)表示进程运行有错,异常终止。

如果调用进程在执行exit()时,其父进程正在等待它的终止,则父进程可立即得到其返回的整数。

(3) 系统核心为exit()进行的操作

① 关闭软中断;

② 回收资源;

③ 写记账信息;

④ 置进程为“僵死状态”。

2.2　进程状态及其控制

2.2.1　进程状态与进程控制命令

1. 进程状态命令

(1) ps　显示所有正在执行的进程。

(2) ps-x　列出当前正在运行的进程的基本信息。

(3) ps-au　列出所有用户的基本信息。

2. 进程控制命令

(1) kill<进程标识符>,向进程发送终止信号,撤销进程。

(2) nice命令用于改变进程的优先级,使用格式为:nice[+][-]n[PID]。

(3) 创建后台进程:在命令后输入后台命令符&。

例如:

$ sleep 50&　　　#创建一个睡眠时间为50秒的进程

2.2.2　进程控制的有关系统调用

fork()是Linux系统中一个非常有用的系统调用,除了使用fork()系统调用创建进程之外,还可以将fork()与exec()系列系统调用配合使用。

1. exec()系列系统调用

exec()系列系统调用,也可用于新程序的运行。fork()只是将父进程的用户级上下文拷贝到新进程中，而 exec()系列可以将一个可执行的二进制文件覆盖在新进程的用户级上下文的存储空间上，以更改新进程的用户级上下文。exec()系列系统调用都完成相同的功能，它们把一个新程序装入内存，来改变调用进程的执行代码，从而形成新进程。如果 exec()调用成功，调用进程将被覆盖，然后从新程序的入口开始执行，这样就产生了一个新进程，新进程的进程标识符 ID 与调用进程相同。

exec()系列系统调用没有建立一个与调用进程并发的子进程，而是用新进程取代了原来进程。所以 exec()调用成功后，没有任何数据返回，这与 fork()不同。exec()系列系统调用在 Linux 系统库 unistd. h 中，共有 execl、execlp、execle、execv、execvp 五个，其基本功能相同，只是以不同的方式来给出参数。

一种是直接给出参数的指针，如：

```
int execl(path,arg0[,arg1,…argn],0);
char * path, * arg0, * arg1,…, * argn;
```

另一种是给出指向参数表的指针，如：

```
int execv(path,argv);
char * path, * argv[];
```

2. exec()和 fork()联合使用

系统调用 exec()和 fork()联合使用能为程序开发提供有力支持。用 fork()建立子进程，然后在子进程中使用 exec()，这样就实现了父进程与一个与它完全不同子进程的并发执行。

一般，wait、exec 联合使用的模型为：

```
int status;
  ……
if (fork()==0)
  { ……
    execl(…);
    ……;}
wait(&status);
```

3. wait()系统调用

(1) 功能

等待子进程运行结束。如果子进程没有完成，父进程一直等待。wait()将调用进程挂起，直至其子进程因暂停或终止而发来软中断信号为止。如果在 wait()前已有子进程暂停或终止，则调用进程做适当处理后便返回。

(2) 调用格式

```
int wait(status)
```

int * status;

其中,status 是用户空间的地址。它的低 8 位反映子进程状态,为 0 表示子进程正常结束,非 0 则表示出现了各种各样的问题;高 8 位则带回了 exit()的返回值。exit()返回值由系统给出。

(3) 系统核心对 wait()进行的处理

① 首先查找调用进程是否有子进程,若无,则返回出错码。

② 若找到一处于"僵死状态"的子进程,则将子进程的执行时间加到父进程的执行时间上,并释放子进程的进程表项。

③ 若未找到处于"僵死状态"的子进程,则调用进程便在可被中断的优先级上睡眠,等待其子进程发来软中断信号时被唤醒。

2.3 进程互斥

2.3.1 进程的互斥

进程的互斥是指当有若干进程都要使用某一共享资源时,由于任何时刻最多只允许一个进程去使用,所以其他要使用该共享资源的进程必须等待,直到占用资源者释放了该资源。

实际上,共享资源的互斥使用就是限定并发进程互斥地进入相关临界区。如果能提供一种方法来实现对相关临界区的管理,则就可实现进程的互斥。实现对相关临界区管理的方法有:标志方式、上锁开锁方式、P/V 操作方式和管程方式等。

2.3.2 进程互斥的相关系统调用

(1) 功能

用作锁定或解锁文件的某些段或者整个文件。

(2) 调用格式

lockf(files,function,size)

本函数使用的头文件为:

#include "unistd.h"

(3) 参数定义

int lockf(files,function,size)

int files,function;

long size;

其中:files 是文件描述符;function 是锁定和解锁:1 表示锁定,0 表示解锁。size 是锁定或解锁的字节数,为 0 时表示从文件的当前位置到文件尾。

2.4 信号通信机制

2.4.1 信号的基本概念

1. 信号与信号机制

每个信号都对应一个正整数常量(称为 signal number,即信号编号。定义在系统头文件<signal.h>中),代表同一用户的诸进程之间传送事先约定的信息类型,用于通知某进程发生了某异常事件。每个进程在运行时,都要通过信号机制来检查是否有信号到达。若有,便中断正在执行的程序,转向与该信号相对应的处理程序,以完成对该事件的处理;处理结束后再返回到原来的断点处继续执行。实质上,信号机制是对中断机制的一种模拟,在早期的 Linux 版本中又把它称为软中断。

2. 信号与中断的相似点

(1) 采用了相同的异步通信方式。

(2) 当检测出有信号或中断请求时,都暂停正在执行的程序而转去执行相应的处理程序。

(3) 都在处理完毕后返回到原来的断点。

(4) 对信号或中断都可进行屏蔽。

3. 信号与中断的区别

(1) 中断有优先级,而信号没有优先级,所有的信号都是平等的。

(2) 信号处理程序是在用户态下运行的,而中断处理程序是在核心态下运行。

(3) 中断响应是及时的,而信号响应通常都有较大的时间延迟。

4. 信号机制的功能

(1) 发送信号。发送信号的程序用系统调用 kill()实现。

(2) 预置对信号的处理方式。接收信号的程序用 signal()来实现对处理方式的预置。

(3) 收受信号的进程按事先的规定完成对相应事件的处理。

2.4.2 信号的发送

信号的发送是指由发送进程把信号送到指定进程的信号域的某一位上。如果目标进程正在一个可被中断的优先级上睡眠,核心便将它唤醒,发送进程到此结束。一个进程可能在其信号域中有多个位被置位,代表有多种类型的信号到达,但对于一类信号,进程却只能记住其中的某一个。

进程用 kill()向一个进程或一组进程发送一个信号。

2.4.3 对信号的处理

当一个进程要进入或退出一个低优先级睡眠状态时,或一个进程即将从核心态返回用户态时，核心都要检查该进程是否已收到软中断。当进程处于核心态时，即使收到软中断也不予理睬；只有当它返回到用户态后，才处理软中断信号。对软中断信号的处理分三种情况进行：

(1) 如果进程收到的软中断是一个已决定要忽略的信号(function＝1)，进程不做任何处理便立即返回。

(2) 进程收到软中断后便退出(function＝0)。

(3) 执行用户设置的软中断处理程序。

2.4.4　信号机制的相关系统调用

1. kill()系统调用

(1) 功能

将信号发送给一个进程或一组进程。

(2) 调用格式

int kill(pid,sig)

(3) 参数定义

int pid,sig;

其中，pid 是一个或一组进程的标识符；参数 sig 是要发送的软中断信号。

① pid>0 时，核心将信号发送给进程 pid。

② pid＝0 时，核心将信号发送给与发送进程同组的所有进程。

③ pid＝－1 时，核心将信号发送给所有用户标识符真正等于发送进程的有效用户标识号的进程。

2. signal()系统调用

(1) 功能

预置对信号的处理方式，允许调用进程控制软中断信号。

(2) 调用格式

signal(sig,function)

该函数使用的头文件为：

#include <signal.h>

(3) 参数定义

signal(sig,function)

int sig;

void (* func) ()

其中：sig 用于指定信号的类型，sig 为 0 则表示没有收到任何信号，sig 为其他值的含义如表 2 - 1 所示。

表 2－1 signal 系统调用中 sig 值及其含义

值	名 字	说 明
01	SIGHUP	挂起
02	SIGINT	中断，当用户从键盘按＜Ctrl＋C＞键或＜Ctrl＋Break＞键时
03	SIGQUIT	退出，当用户从键盘键入 quit 时
04	SIGILL	非法指令
05	SIGTRAP	跟踪陷阱，启动进程，跟踪代码的执行
06	SIGIOT	IOT 指令
07	SIGEMT	EMT 指令
08	SIGFPE	浮点运算溢出
09	SIGKILL	杀死、终止进程
10	SIGBUS	总线错误
11	SIGSEGV	段违例，进程试图去访问其虚地址空间以外的位置
12	SIGSYS	系统调用中参数错，如系统调用号非法
13	SIGPIPE	向某个非读管道中写入数据
14	SIGALRM	闹钟。当某进程希望在某时间后接收信号时发此信号
15	SIGTERM	软件终止
16	SIGUSR1	用户自定义信号 1
17	SIGUSR2	用户自定义信号 2
18	SIGCLD	某个子进程死
19	SIGPWR	电源故障

function：在该进程中的一个函数地址。由核心返回用户态时，它以软中断信号的序号作为参数调用该函数，对除了信号 SIGKILL，SIGTRAP 和 SIGPWR 以外的信号，核心自动地重新设置软中断信号处理程序的值为 SIG_DFL，一个进程不能捕获 SIGKILL 信号。function 的含义如下：

① function＝1 时，进程对 sig 类信号不予理睬，亦即屏蔽了该类信号；

② function＝0 时，缺省值，进程在收到 sig 信号后应终止自己；

③ function 为非 0，非 1 类整数时，function 的值即作为信号处理程序的指针。

2.4.5　阻塞与非阻塞型通信

1. 阻塞型通信和非阻塞型通信的概念

父进程与子进程之间通信可分为阻塞型通信和非阻塞型通信两种。阻塞型通信中父进程可以循环调用 wait()或 waitpid()等待子进程的结束,也可以让子进程向父进程发出结束信号,父进程通过 signal()或 sigaction()函数来响应子进程的结束;非阻塞型通信中,父进程与子进程共存,当产生相关信号时,父进程与子进程都能收到此信号,只是先由父进程响应,然后再将其传递给子进程。

2. 阻塞型通信程序框架

```
#include <stdio.h>
#include <unistd.h>
#include <sys/types.h>
#include <signal.h>
#include <wait.h>
void sigchld_handler(int sig)
{
  pid_t pid;
  int status;
  for(;(pid=waitpid(-1,&status,WNOHANG))>0;)
  {
    printf("child %d died:%d\n",pid,WEXITSTATUS(status));
    printf("hi,parent process received SIGHLD signal successfully! \n");
  }
  return;
}
void main()
{    /*创建子进程*/
     if(子进程)
     {
          /*输出子进程相关信息*/
          /*休眠一段时间*/
          /*退出*/
     }
     else if(父进程号)
     { /*调用信号处理函数*/
        /*暂停*/;
     }
```

```
        else
        {
           if (创建进程出错)
           /＊打印“创建进程出错”提示信息＊/
           /＊退出＊/
        }
}
```

3. 非阻塞型通信程序框架

```
#include <stdio.h>
#include <sys/types.h>
#include <unistd.h>
#include <signal.h>
void sigint_handler(int sig)
{
   printf("received SIGINT signal successed! \n");
   return;
}
void main()
{
     /＊创建子进程＊/
     if(子进程)
     {
       /＊打印子进程号＊/
       /＊休眠一段时间＊/
       /＊打印休眠一段时间后的子进程号＊/
       /＊休眠一段时间＊/
       /＊打印第二次休眠一段时间后的子进程号＊/
       /＊退出＊/
     }
     else if(父进程号)
     {  /＊调用信号处理函数＊/
        /＊暂停＊/;
     }
     else
     {  if(创建进程出错)
        /＊打印“创建进程出错”提示信息＊/
        /＊退出＊/
     }
}
```

2.5　管道通信机制

2.5.1　管道的概念

Linux 系统在操作系统的发展中，最重要的贡献之一便是该系统首创了管道，这也是 Linux 系统的一大特色。

管道是指能够连接一个写进程和一个读进程的、并允许它们以生产者—消费者方式进行通信的一个共享文件，又称为 pipe 文件。由写进程从管道的写入端（句柄 1）将数据写入管道，而读进程则从管道的读出端（句柄 0）读出数据。如图 2－1 所示：

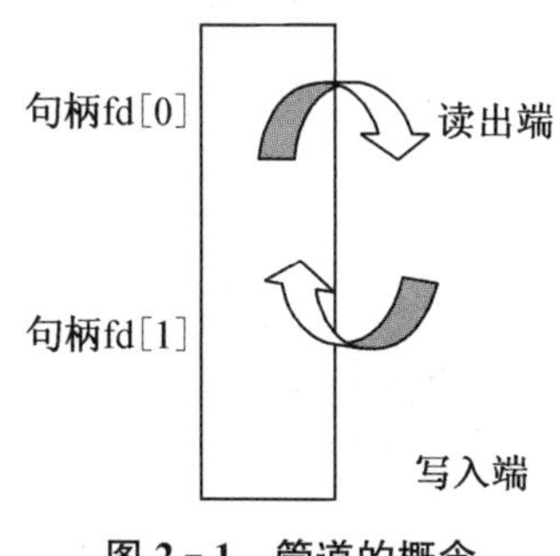

图 2－1　管道的概念

2.5.2　有名管道

1. 有名管道的概念

有名管道是一个可以在文件系统中长期存在的、具有路径名的文件，用系统调用 mknod()建立，它克服无名管道使用上的局限性，可让更多的进程也能利用管道进行通信。因而其他进程可以知道它的存在，并能利用路径名来访问该文件。对有名管道的访问方式与访问其他文件一样，需要先使用 open()打开。

为了实现多进程之间基于有名管道的通信，首先使用 mkfifo()创建一个有名管道，然后使用 open()、close()、read()、write()等 I/O 函数进行操作，实现多进程间的通信。

2. 有名管道程序框架

```
#include <sys/types.h>
#include <sys/stat.h>
#include <stdio.h>
#include <errno.h>
#include <fcntl.h>
#include <string.h>
```

```
#define FIFO_SERVER "/tmp/fifoserver"
#define BUFFERSIZE 80
void main()
{
  if(创建有名管道失败)
  {
    /*打印“无法创建有名管道”提示信息*/
    /*退出*/
  }
  /*打印“成功创建有名管道”提示信息*/
  /*创建子进程*/
  if(子进程创建成功)
  {
     /*以写方式打开有名管道*/
     if(打开失败)
     {
        /*打印“无法打开有名管道”提示信息*/
     }
     /*向有名管道写入数据*/
     if(写入失败)
     {  /*打印“写数据出错”提示信息*/
       /*退出*/
     }
       /*打印“成功写入数据”提示信息*/
    }
    else
      if(父进程)
      {
        /*以只读方式打开有名管道*/
        /*输出读数据前缓冲区信息*/
        /*从有名管道读取数据到缓冲区*/
        /*输出读数据后缓冲区信息*/
        /*关闭有名管道*/
      }
      else
      {
        /*打印“创建进程出错”提示信息*/
        /*退出*/
```

```
        }
     }
  }
```

2.5.3　无名管道

1. 无名管道的概念

无名管道是利用 pipe()建立起来的无名文件(无路径名),是一个临时文件。只用该系统调用所返回的文件描述符来标识该文件,故只有调用 pipe()的进程及其子孙进程才能识别此文件描述符,才能利用该文件(管道)进行通信。当这些进程不再使用此管道时,核心收回其索引结点。假设用 fd[0]、fd[1]分别表示管道读端和管道写端。

2. 无名管道读写数据的程序框架

```
#include <wait.h>
#include <stdio.h>
#include <unistd.h>
#include <string.h>
#define MAX_LINE 80
void main()
{
  if(管道创建成功)
  {  /*创建子进程*/
     if(进程创建成功)
     {
        /*关闭写端*/
        /*休眠一段时间*/
        /*从管道读端读取数据并放入缓冲区*/
        /*打印"子进程读取数据成功"信息,并输出缓冲区数据*/
        /*关闭读端*/
        /*退出*/
     }
     else
       if(进程创建成功)
       {
         /*关闭读端*/
         /*向管道写端写入数据*/
         /*打印"父进程写管道成功"提示信息*/
         /*关闭写端*/
         /*打印"父进程关闭写管道成功"提示信息*/
```

```
            /*休眠一段时间*/
        }
    }
    return 0;
}
```

两种管道的读写方式是相同的。

2.5.4 pipe文件的建立与读/写进程互斥

1. pipe文件的建立

分配磁盘和内存索引结点、为读进程分配文件表项、为写进程分配文件表项、分配用户文件描述符。

2. 读/写进程互斥

内核为地址设置一个读指针和一个写指针，按先进先出顺序读、写。为使读、写进程互斥地访问pipe文件，需使各进程互斥地访问pipe文件索引结点中的直接地址项。因此，每次进程在访问pipe文件前，都需检查该索引文件是否已被上锁。若已被上锁，该进程便睡眠等待，否则，将其上锁，进行读/写。读/写操作结束后解锁，并唤醒因该索引结点上锁而睡眠的进程。

2.5.5 管道的相关系统调用

1. pipe()系统调用

(1) 功能

建立一无名管道。

(2) 调用格式

pipe(filedes)

该函数使用的头文件如下：

#include <unistd. h>

#inlcude <signal. h>

#include <stdio. h>

(3) 参数定义

int pipe(filedes);

int filedes[2];

其中：filedes[0]是读出端，filedes[1]是写入端。

2. read()系统调用

(1) 功能

从fd所指示的文件中读出nbyte个字节的数据，并将它们送至由指针buf所指示的缓冲区中。如果该文件被加锁，则等待，直到锁被打开为止。

(2) 调用格式

read(fd,buf,nbyte)

(3) 参数定义

```
int read(fd,buf,nbyte);
int fd;
char * buf;
unsigned nbyte;
```

3. write()系统调用

(1) 功能

把nbyte个字节的数据，从buf指针所指向的缓冲区中写到由fd所指向的文件中。如果文件加锁，则暂停写入，直到锁被打开为止。

(2) 调用格式

read(fd,buf,nbyte)

(3) 参数定义同read()。

2.6 消息传递机制

2.6.1 消息及其数据结构

1. 消息

消息是一个格式化的可变长的信息单元。消息机制允许由一个进程给其他进程发送一个消息。当一个进程收到多个消息时，可将它们排成一个消息队列。消息使用两种重要的数据结构：一是消息首部，其中记录了一些与消息有关的信息，如消息数据的字节数；二是消息队列头表，其每一表项是作为一个消息队列的消息头，记录了消息队列的有关信息。

2. 消息数据结构

(1) 消息首部

消息首部记录一些与消息有关的信息，如消息的类型、大小、指向消息数据区的指针、消息队列的链接指针等。

(2) 消息队列头表

消息队列头表的每一表项作为一个消息队列的消息头，记录了消息队列的有关信息，如指向消息队列中第一个消息和指向最后一个消息的指针、队列中消息的数目、队列中消息数据的总字节数、队列所允许消息数据的最大字节总数，还有最近一次执行发送操作的进程标识符和时间、最近一次执行接收操作的进程标识符和时间等。

3. 消息队列描述符

Linux 系统中每一个消息队列都有一个称为关键字的名字，这是由用户指定的。消息队列有一消息队列描述符，其作用与用户文件描述符一样，也是为了方便用户和系统对消息队列的访问。

2.6.2 消息传递的相关系统调用

1. msgget()系统调用

(1) 功能

创建一个消息，获得一个消息的描述符。核心将搜索消息队列头表，确定是否有指定名字的消息队列。如果没有，则核心将分配一个新的消息队列头，并对它进行初始化，然后给用户返回一个消息队列描述符，否则它只是检查消息队列的许可权便返回。

(2) 调用格式

msgqid＝msgget(key,flag)

该函数使用的头文件如下：

```
#include<sys/types.h>
#include<sys/ipc.h>
#include<sys/msg.h>
```

(3) 参数定义

```
int msgget(key,flag)
key_t key;
int flag;
```

其中：① key 是用户指定的消息队列的名字；② flag 是用户设置的标志和访问方式。如：IPC_CREAT|0400 是否该队列已被创建。无则创建，是则打开。IPC_EXCL|0400 是否该队列的创建应是互斥的。③ msgqid 是该系统调用返回的描述符，若调用失败，则返回－1。

2. msgsnd()系统调用

(1) 功能

发送一个消息。向指定的消息队列发送一个消息，并将该消息链接到该消息队列的尾部。

(2) 调用格式

msgsnd(msgqid,msgp,size,flag)

该函数使用的头文件如下：

```
#include <sys/types.h>
#include <sys/ipc.h>
#include <sys/msg.h>
```

(3) 参数定义

```
int msgsnd(msgqid,msgp,size,flag)
int msgqid,size,flag;
struct msgbuf *msgp;
```

其中:① msgqid 是返回消息队列的描述符;② msgp 是指向用户消息缓冲区的一个结构体指针。缓冲区中包括消息类型和消息正文,即:

```
{
  long mtype;          /* 消息类型 */
  char mtext[];        /* 消息的文本 */
}
```

③ size 指示由 msgp 指向的数据结构中字符数组的长度,即消息的长度。这个数组的最大值由 MSG-MAX()系统可调用参数来确定。flag 规定当核心用完内部缓冲空间时应执行的动作:进程是等待,还是立即返回。若在标志 flag 中未设置 IPC_NOWAIT 位,则当该消息队列中的字节数超过最大值时,或系统范围的消息数超过某一最大值时,调用 msgsnd 进程睡眠。若是设置 IPC_NOWAIT,则在此情况下,msgsnd 立即返回。

(4) 系统核心为 msgsnd()进行的工作

① 对消息队列的描述符和许可权及消息长度等进行检查。若合法才继续执行,否则返回;

② 核心为消息分配消息数据区。将用户消息缓冲区中的消息正文,拷贝到消息数据区;

③ 分配消息首部,并将它链入消息队列的末尾。在消息首部中须填写消息类型、消息大小和指向消息数据区的指针等数据;

④ 修改消息队列头中的数据,如队列中的消息数、字节总数等。最后,唤醒等待消息的进程。

3. msgrcv()系统调用

(1) 功能

从指定的消息队列中接收一个指定类型的消息。

(2) 调用格式

```
msgrcv(msgqid,msgp,size,type,flag)
```

本函数使用的头文件如下:

```
#include <sys/types.h>
```

#include <sys/ipc. h>

#include <sys/msg. h>

(3) 参数定义

int msgrcv(msgqid,msgp,size,type,flag)

int msgqid,size,flag;

struct msgbuf * msgp;

long type;

其中:msgqid,msgp,size,flag 与 msgsnd 中的对应参数相似,type 规定要读的消息类型,flag 规定倘若该队列无消息时,核心应做的操作。若此时在 flag 中设置了 IPC_NOWAIT 标志,则立即返回,若在 flag 中设置了 MS_NOERROR,且所接收的消息大于 size,则核心截断所接收的消息。

(4) 系统核心为 msgrcv()系统调用进行的工作

① 对消息队列的描述符和许可权等进行检查。若合法,就往下执行;否则返回;

② 根据 type 的不同分成三种情况处理:

type=0,接收该队列的第一个消息,并将它返回给调用者;

type 为正整数,接收类型 type 的第一个消息;

type 为负整数,接收小于等于 type 绝对值的最低类型的第一个消息。

③ 当所返回消息大小等于或小于用户的请求时,核心便将消息正文拷贝到用户区,并从消息队列中删除此消息,然后唤醒睡眠的发送进程。但如果消息长度比用户要求的大时,则出错返回。

4. msgctl()系统调用

(1) 功能

进行消息队列的操纵。读取消息队列的状态信息并进行修改,如查询消息队列描述符、修改它的许可权及删除该队列等。

(2) 调用格式

msgctl(msgqid,cmd,buf);

本函数使用的头文件如下:

#include <sys/types. h>

#include <sys/ipc. h>

#include <sys/msg. h>

(3) 参数定义

int msgctl(msgqid,cmd,buf);

int msgqid,cmd;

struct msgqid_ds * buf;

其中：① buf 是用户缓冲区地址，供用户存放控制参数和查询结果；② cmd 是规定的命令，命令可分三类。第一类是 IPC_STAT，查询有关消息队列情况的命令。如查询队列中的消息数目、队列中的最大字节数、最后一个发送消息的进程标识符、发送时间等；第二类是 IPC_SET，按 buf 指向的结构中的值，设置和改变有关消息队列属性的命令。如改变消息队列的用户标识符、消息队列的许可权等；第三类是 IPC_RMID，消除消息队列的标识符；③ msgqid_ds 结构定义如下：

```
struct msgqid_ds
{   struct ipc_perm msg_perm;        /* 许可权结构 */
    short pad1[7];                   /* 由系统使用 */
    ushort msg_qnum;                 /* 队列上消息数 */
    ushort msg_qbytes;               /* 队列上最大字节数 */
    ushort msg_lspid;                /* 最后发送消息的 PID */
    ushort msg_lrpid;                /* 最后接收消息的 PID */
    time_t msg_stime;                /* 最后发送消息的时间 */
    time_t msg_rtime;                /* 最后接收消息的时间 */
    time_t msg_ctime;                /* 最后更改时间 */
};
struct  ipc_perm
{   ushort uid;                      /* 当前用户 */
    ushort gid;                      /* 当前进程组 */
    ushort cuid;                     /* 创建用户 */
    ushort cgid;                     /* 创建进程组 */
    ushort mode;                     /* 存取许可权 */
    { short pid1; long pad2;}        /* 由系统使用 */
}
```

函数调用成功时返回 0，不成功则返回－1。

2.7　共享存储区机制

2.7.1　共享存储区的概念

1. 共享存储区机制

共享存储区是 Linux 系统中通信速度最高的一种通信机制。该机制可使若干进程共享内存中的某一个区域，且使该区域出现（映射）在多个进程的虚地址空间中。另一方面，一个进程的虚地址空间中又可连接多个共享存储区，每个共享存储区都有自己的名字。当进程间欲利用共享存储区进行通信时，必须先在内存中建立一共享存储区，然后将它附接到自己的虚地址空间上。此后，进程对该区的访问操作，与对其虚地址空间的其他部分的操作完全相同。进程之间便可通过对共享存储区中数据的读、写来进行直接通信。

2. 共享存储区通信

如图 2-2 所示给出了一个两个进程通过共享一个存储区来进行通信的例子。其中，进程 A 将建立的共享存储区附接到自己的 AA′区域，进程 B 将它附接到自己的 BB′区域。

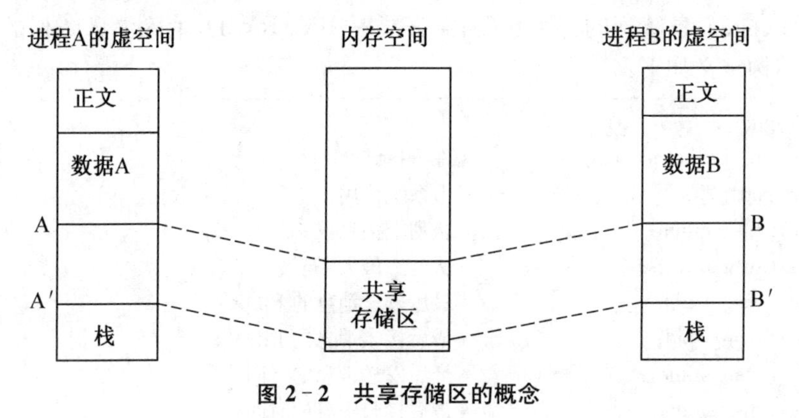

图 2-2 共享存储区的概念

应当指出，共享存储区机制只为进程提供了用于实现通信的共享存储区和对共享存储区进行操作的手段，然而并未提供对该区进行互斥访问及进程同步的措施。因而当用户需要使用该机制时，必须自己设置同步和互斥措施才能保证实现正确的通信。

2.7.2 共享存储区的相关系统调用

1. shmget()系统调用

(1) 功能

创建并获得一个共享存储区。

(2) 调用格式

shmid＝shmget(key,size,flag)

该函数使用的头文件如下：

```
#include <sys/types.h>
#include <sys/ipc.h>
#include <sys/shm.h>
```

(3) 参数定义

```
int shmget(key,size,flag);
key_t key;
int size,flag;
```

其中：① key 是共享存储区的名字；② size 是其大小(以字节计)；③ flag 是用户设置的标志，如 IPC_CREAT。IPC_CREAT 表示若系统中尚无指名的共享存储区，则由核心建立一个共享存储区；若系统中已有共享存储区，便忽略 IPC_CREAT。操作允许权及其对应的数值如表 2－1 所示：

表 2－1　操作允许权及其对应的数值

操作允许权	八进制数
用户可读	00400
用户可写	00200
小组可读	00040
小组可写	00020
其他可读	00004
其他可写	00002

控制命令 IPC_CREAT 对应的数值为 0001000；控制命令 IPC_EXCLT 对应的数值为 0002000。

例如：shmid＝shmget(key，size，(IPC_CREAT|0400))

创建一个关键字为 key，长度为 size 的共享存储区。

2. shmat()系统调用

(1) 功能

共享存储区的附接。从逻辑上将一个共享存储区附接到进程的虚拟地址空间上。

(2) 调用格式

virtaddr＝shmat(shmid，addr，flag)

该函数使用的头文件如下：

```
#include <sys/types.h>
#include <sys/ipc.h>
#include <sys/shm.h>
```

(3) 参数定义

```
char * shmat(shmid,addr,flag);
int shmid,flag;
char * addr;
```

其中：① shmid 是共享存储区的标识符；② addr 是用户给定的，将共享存储区附接到进程的虚地址空间；③ flag 规定共享存储区的读、写权限，以及系统是否应对用户规定的地址做舍入操作。其值为 SHM_RDONLY 时，表示只能读；其值为 0 时，表示可读、可写；其值为 SHM_RND 时，表示操作系统在必要时舍去这个地址。

该系统调用的返回值是共享存储区所附接到的进程虚地址 viraddr。

3. shmdt()系统调用

(1) 功能

把一个共享存储区从指定进程的虚地址空间断开。

(2) 调用格式

shmdt(addr)

该函数使用的头文件如下：

```
#include <sys/types.h>
#include <sys/ipc.h>
#include<sys/shm.h>
```

(3) 参数定义

```
int shmdt(addr);
char addr;
```

其中:addr 是要断开连接的虚地址,亦即以前由连接的系统调用 shmat()所返回的虚地址。

调用成功时,返回 0 值,调用不成功,返回－1。

4. shmctl()系统调用

(1) 功能

共享存储区的控制,对其状态信息进行读取和修改。

(2) 调用格式

shmctl(shmid,cmd,buf)

该函数使用的头文件如下：

```
#include <sys/types.h>
#include <sys/ipc.h>
#include <sys/shm.h>
```

(3) 参数定义

```
int shmctl(shmid,cmd,buf);
int shmid,cmd;
struct shmid_ds * buf;
```

其中:① buf 是用户缓冲区地址;② cmd 是操作命令。命令可分为多种类型:a. 用于查询有关共享存储区的情况。这里的查询是将 shmid 所指示的数据结构中的有关成员,放入所指示的缓冲区中;而设置是用由 buf 所指示的缓冲区内容来设置由 shmid 所指示的数据结构中的相应成员。如其长度、当前连接的进程数、共享区的创建者标识符等;b. 用于设置或改变共享存储区的属性。如共享存储区的许可权、当前连接的进程计数等;c. 对共享存储区的加锁和解锁命令;d. 删除共享存储区标识符等。

第3章　内存管理

本章是内存管理的实践背景知识，主要内容有内存管理的相关命令与系统文件及函数、动态分区存储管理等。通过本章内容的学习，重点掌握内存管理的相关命令与系统文件及函数，理解动态分区存储管理的数据结构、分配算法、分配与回收的实现。

无论是系统软件还是应用程序，实际的程序中经常需要设计和处理动态数据结构。就操作系统本身而言，也有很多动态数据结构，如进程表等，所有动态数据结构，由于其长度的不断变化，所以其存储空间的分配方案难以确定。如果采用静态分配，则无法准确预测和预留所需长度，预留空间大时，可能存在浪费；预留空间小时，可能不够用。因此，通常对动态数据结构的分配采用动态分配方案，就是在程序运行过程中动态分配这些动态数据结构所需的存储空间，并可以动态伸缩。

如何进行动态分配？由于这是一个普遍的需求，因此由操作系统来解决，实际操作系统通常提供一种或多种动态分配机制，如 Windows 系统下的堆函数、Linux 下的 malloc 系统调用等。

3.1　相关命令与系统文件及函数

3.1.1　相关命令

(1) free 命令：查看内存情况。

(2) vmstat 命令：查看虚存情况。

3.1.2　相关系统文件

(1) /proc/meminfo

该文件记录内存使用情况。

例如：查看/proc/meminfo 文件内容

#cat/proc/meminfo

(2) /proc/$pid/statm

该文件记录相应进程的内存使用情况，其内容与 top 命令显示内容类似。

例如：查看/proc/$pid/statm 文件内容

#cat/proc/851/statm(显示851号进程的内存情况)

(3) /proc/$/maps

该文件记录相应进程的内存映射情况。

3.1.3 相关函数

Linux内存管理所用到的文件include/linux/mm.h,主要包括两个数据结构:mem_map、free_area。

1. malloc()函数

#include <alloc.h>

void * malloc(size_t size)

该函数分配指定大小size个字节的内存空间,成功时返回分配内存的指针(即所分配内存的地址);该内存区域没有清空。

2. calloc()函数

#include <stdlib.h>

void * calloc(size_t nmemb,size_t size);

该函数为一个nmemb个元素、size字节的数组分配内存,并返回一个指向被分配内存的指针;该内存区域被清空为0。

3. free()函数

void free(void * addr);

该函数释放由malloc()分配的内存,addr是要释放内存空间的起始地址,并且addr必须是被以前malloc()调用返回的。

4. realloc函数

void * realloc (void * addr, size_t size);

该函数将addr所指内存块的大小改变为size字节。如果新内存块比老内存块小则不作改变,新分配的内存不被初始化;如果addr是空,则调用等价于malloc(size);如果size为0,则调用等价于free(addr)。

3.2 动态分区存储管理

动态分区管理方式预先不将内存划分成几个区域,而把内存除操作系统占用区域外的空间看作一个大的空闲区。当作业要求装入内存时,根据作业需要的内存空间的大小查询内存中各个空闲区,当从内存空间中找到一个大于或等于该作业大小的内存空闲区时,就选择其中一个空闲区,按作业需求量划出一个分区装入该作业。作业执行完后,它所占的内存分区被收回,成为一个空闲区。如果该空闲区的相邻分区也是空闲区,则需要将相邻空闲区合并成一个空闲区。

动态分区分配是根据进程的实际需要，动态地分配连续的内存空间。在实现可变分区分配存储管理方式时，必须解决三个问题：分区分配中的数据结构、分区分配算法、分区分配与回收。

3.2.1 分区分配中的数据结构

为了实现分区分配，系统中必须配置相应的数据结构，用来记录内存的使用情况，为内存分配提供依据。常用的数据结构形式有以下两种：

1. 空闲分区表

空闲分区表用于为内存中每个尚未分配出去的分区设置一个表项，每个分区的表项包含分区序号、分区始址及分区大小等内容。

2. 空闲分区链

为了实现对空闲分区的分配和链接，在每个分区的起始部分，设置一些用于控制分区分配的信息，以及用于链接各个分区的前向指针，在分区尾部则设置一后向指针；然后，通过前、后向指针将所有的分区链接成一个双向链。

3.2.2 分区分配算法

为把一个新作业装入内存，需要按照一定的分配算法，从空闲分区表或空闲分区链中，选出一分区分配给该作业。目前常用以下三种分配算法：

1. 首次适应算法

该算法要求空闲分区链以地址递增的次序链接。在进行内存分配时，从链首开始顺序查找，该算法倾向于优先利用内存中低地址部分的空闲分区，在高地址部分的空闲分区很少被利用，从而保留了高地址部分的大空闲区。

2. 循环首次适应算法

该算法是由首次适应算法演变而形成的。从上次找到的空闲分区的下一个空闲分区开始查找，直至找到第一个能满足要求的空闲分区。该算法中应设置一起始查询指针，并采用循环查找方式。

3. 最佳适应算法

该算法在每次为作业分配内存时，总是把既能满足要求、又是最小的空闲分区分配给作业，避免了“大材小用”。

3.3.3 分区分配与回收

1. 动态分区存储管理

在动态分区存储管理方式中，主要的操作是内存分配和内存回收。

分配内存：首先，系统要利用某种分配算法，从空闲分区链(表)中找到所需要的分区。

最后，将分配区的首址返回给调用者。

回收内存：当进程运行完毕释放内存时，系统根据回收区的首址，从空闲区链中找到相应的插入点。

实现动态分区的内容分配和回收，主要考虑的问题有三个：① 设计记录内存使用情况的数据表格，用来记录空闲区和作业占用的区域；② 在设计的数据表格基础上设计内存分配算法；③ 在设计的数据表格基础上设计内存回收算法。

2. 设计内存分配和回收的数据结构

内存分配时首先查找空闲区，然后填写已分配区表，主要操作在空闲区；某个作业执行完后，将该分区变成空闲区，并将其与相邻的空闲区合并，主要操作也在空闲区。由此可见，内存的分配和回收主要是对空闲区的操作。这样便于对内存空间的分配和回收，就建立两张分区表记录内存的使用情况，一张表格记录作业占用分区的"已分配区表"；另一张是记录空闲区的"空闲区表"，这两张表的实现方法一般有两种，一种是链表形式，一种是顺序表形式。无论是"已分配区表"还是"空闲区表"都必须事先确定长度，它们的长度必须是系统可能的最大项数，系统运行过程中才不会出错，因而在多数情况下，无论是"已分配区表"还是"空闲区表"都有空闲栏目。已分配区表中除了分区起始地址、长度外，也至少还要有一项"标志"，如果是空闲栏目，则内容为"空"；如果为某个作业占用分区的登记项，内容为该作业的作业名。空闲区表中除了分区起始地址、长度外，也要有一项"标志"，如果是空闲栏目，则内容为"空"，如果为某个空闲区的登记项，内容为"未分配"。在实际系统中，这两表格的内容可能还要多。

例如：动态分区方式下的数据结构设计。

已分配区表的定义：

```
#define n 10          // 假定系统允许的最大作业数量为n
struct
{ float address;      // 已分分区起始地址
  float length;       // 已分分区长度，单位为字节
  int flag;           // 已分配区表登记栏标志，"0"表示已分配
}used_table[n];       // 已分配区表
```

空闲区表的定义：

```
#define m 10          // 假定系统允许的空闲区表最大为m
struct
{ float address;      // 空闲区起始地址
  float length;       // 空闲区长度，单位为字节
  int flag;           // 空闲区表登记栏标志，用"0"表示已分配
}free_table[m];       // 空闲区表
```

其中:分区起始地址和长度数值太大,超出了整型表达范围,所以采用了 float 类型。

3. 在设计的数据结构上进行内存分配

当要装入一个作业时,从空闲区表中查找标志为"未分配"的空闲区,从中找出一个能够容纳该作业的空闲区。如果找到的空闲区正好等于该作业的长度,则把该分区全部分配给作业,这时应该把该空闲区登记栏中的标志改为"空",同时在已分配区表中找到一个标志为"空"的栏目登记新装入作业所占用分区的起始地址、长度和作业名。如果找到的空闲区大于作业长度,则把空闲区分成两部分,一部分用来装入作业,另外一部分仍为空闲区。这时只要修改原空闲区的长度,且把新装入的作业登记到已分配区表中。

最优适应算法是按作业大小要求挑选一个能够满足作业要求的最小空闲区,这样保证可以不去分割一个大的区域,使装入大作业时比较容易得到满足。但是最优适应算法容易出现一个问题,即找到的一个分区可能只比作业所要求的长度略大一点的情况,这时,空闲区分割后剩下的空闲区就很小,这种很小的空闲区往往无法使用,也影响了内存的使用。为了一定程度上解决这个问题,如果空闲区的大小比作业要求的长度略大一点,不再将空闲区分成已分配区和空闲区两部分,而是将整个空闲区分配给作业。在实现最优适应算法时,可把空闲区按长度以递增方式登记在空闲区表中。分配时顺序查找空闲表,查找到的第一个空闲区就是满足作业要求的最小分区。这样查找速度快,但是为使空闲区按长度以递增顺序登记在空闲表中,就必须在分配回收时进行空闲区表的调整。空闲区表调整时移动表目的代价要高于查询整张表的代价,所以最佳适应算法不是真正的最优算法。

动态分区方式的内存分配流程图如图 3-1 所示。

4. 在设计的数据结构上进行内存回收

动态分区方式下回收内存空间时,应该检查是否有与归还区相邻的空闲区。如果有,则应该合并成一个空闲区。一个归还区可能有上邻空闲区,也可能有下邻空闲区,或者既有上邻空闲区又有下邻空闲区,或者既无上邻空闲区也无下邻空闲区。

在实现回收时,首先将作业归还的区域在已分配表中找到,将该栏目的状态变为"空",然后检查空闲区表中标志为"未分配"的栏目,查找是否有相邻空闲区;最后,合并空闲区,修改空闲区表。

动态分配方式下内存的回收流程如图 3-2 所示,假定作业归还的分区起始地址为 S,长度为 L。

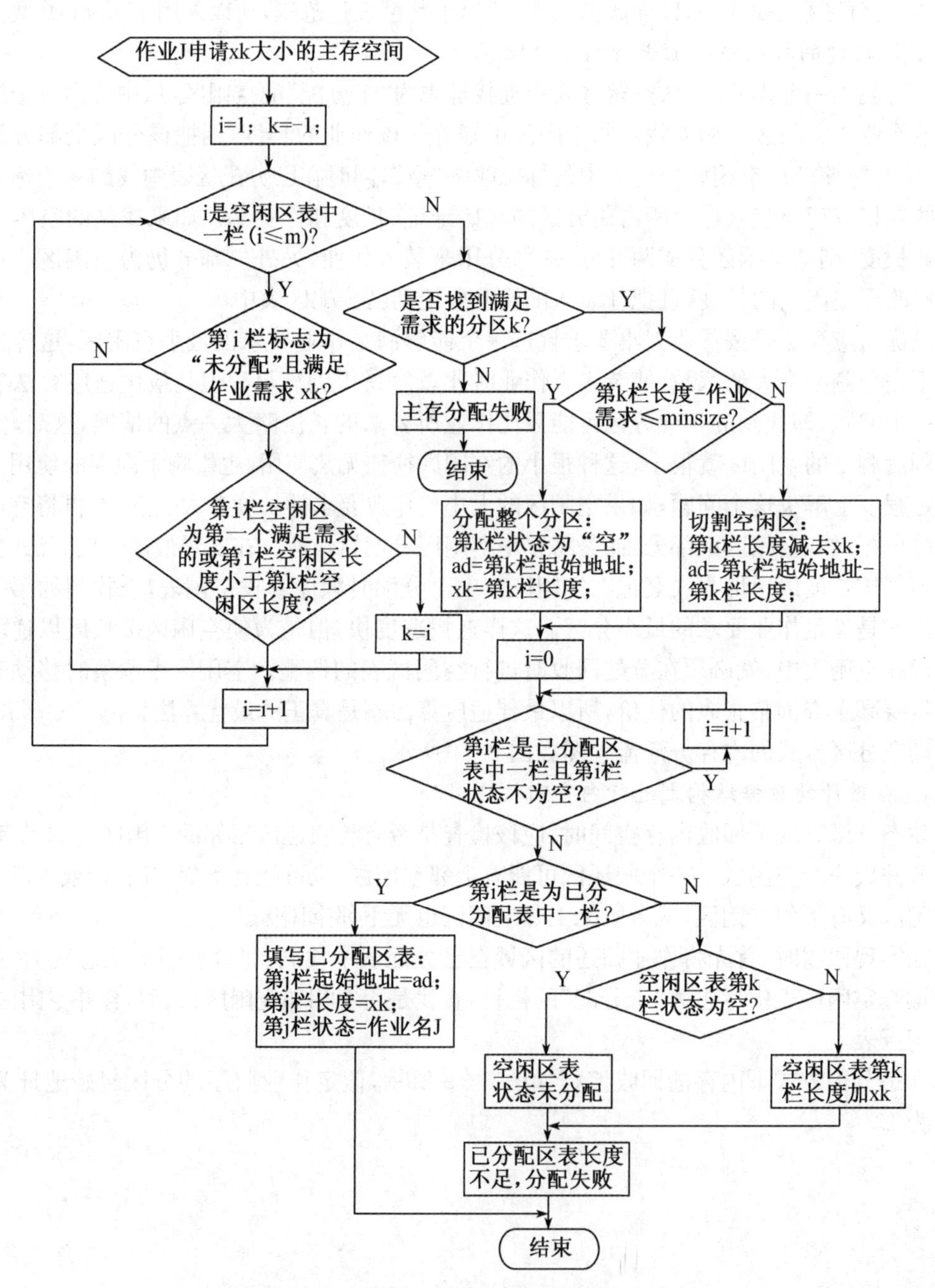

图 3－1　动态分区方式的内存分配流程图

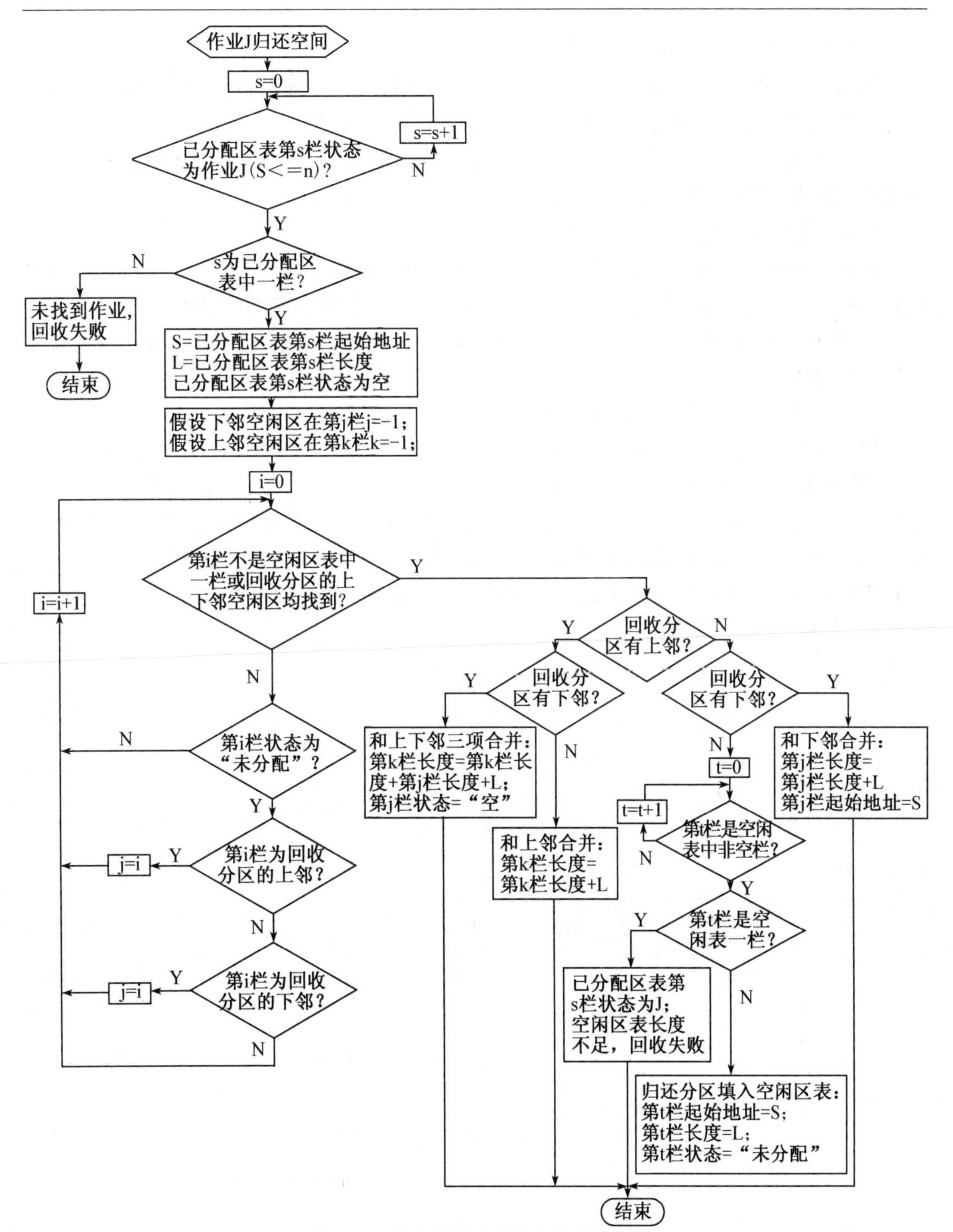

图3-2　动态分区方式的内存回收流程

(1) 归还区有下邻空闲区

如果 S+L 正好等于空闲区表中某个登记栏目(假定为第 j 栏)的起始地址,则表明归还区有一个下邻空闲区。这时只要修改第 j 栏登记项的内容:

① 起始地址=S;② 第 j 栏长度=第 j 栏长度+L;③ 第 j 栏指示的空闲区是归还区和下邻空闲区合并后的大空闲区。

(2) 归还区有上邻空闲区

如果空闲区表中某个登记栏目(假定为第 k 栏)的"起始地址+长度"正好等于 S,则表明归还区有一个上邻空闲区。这时要修改第 k 栏登记项的内容(起始地址不变):

① 第 k 栏长度=第 k 栏长度+L;② 第 k 栏指示的空闲区是归还区和上邻空闲区合并后的大空闲区。

(3) 归还区既有上邻空闲区又有下邻空闲区

如果 S+L 正好等于空闲区表中某个登记栏目(假定为第 j 栏)的起始地址,同时还有某个登记栏目(假定为第 k 栏)的"起始地址+长度"正好等于 S,这表明归还区既有一个上邻空闲区又有一个下邻空闲区。此时对空闲区表的修改如下:① 第 k 栏长度=第 k 栏长度+第 j 栏长度+L;(第 k 栏起始地址不变);② 第 j 栏状态="空";(将第 j 栏登记项删除);③ 第 k 栏指示的空闲区是归还区和上、下邻空闲区合并后的大空闲区;原来的下邻空闲区登记项(第 j 栏)被删除,置为"空"。

第 4 章　文件管理

本章是文件管理的实践背景知识，主要内容有文件管理的相关文件目录及文件系统调用、文件管理、目录管理、主要文件操作的处理等。通过本章内容的学习，重点掌握文件管理的相关系统调用、文件存储空间的管理、目录的管理，理解主要文件操作的处理过程。

4.1　相关的文件目录及文件系统调用

4.1.1　/proc 目录下的相关目录和文件

(1) /proc/ $ pid/fd：这是一个目录，每个打开的文件在该目录下均有一个对应的文件。

例如：# ls/proc/851/fd

0　1　2　255

这表示，851 号进程目前正在使用(已经打开的)文件有四个，它们的描述符分别是 0、1、2、255。其中，0、1、2 依次分别是进程的标准输入、标准输出和标准错误输出设备。

(2) /proc/filesystems：该文件记录了可用的文件系统类型。

(3) /proc/mounts：该文件记录了当前被安装的文件系统信息。

例如：# cat/proc/mount

(4) /proc/ $ pid/maps：该文件记录了进程的映射内存区信息。

例如：# cat? /proc/851/maps

4.1.2　常用文件系统调用

1. open()系统调用

功能：打开一个文件。

格式：

```
#include <sys/types.h>
#inckude <sys/stat.h>
#include <fcntl.h>
int open(char * path,int flags,mode_t mode);
```

其中，① path 是指向所要打开的文件的路径名指针；flags 规定如何打开该文件，它必须包含以下三个值之一：O_RDONLY：只读打开；O_WRONLY：只写打开；O_RDWR：读/写打开；② mode 规定对该文件的访问权限，定义在<sys/stat.h>中。

2. read()系统调用

功能：对一个文件进行读取操作。

格式：

```
#include <sys/types.h>
#include <unistd.h>
int read(int fd,void * buf,size_t nbytes)
```

该系统调用从文件描述符 fd 所代表的文件中读取 nbytes 个字节到 buf 指定的缓冲区内。所读取的内容从当前的读/写指针所指示的位置开始，这个位置由相应的打开文件描述中的偏移值(off_set)给出，调用成功后文件读写指针增加实际读取的字节数。

使用 read()系统调用时，应注意设置的数据缓冲区充分大，能够存放所要求的数据字节，因为内核只复制数据，不进行检查。

返回值为－1 时，错误；为 0 时，文件偏移值是在文件结束处；为整数时，从该文件复制到规定的缓冲区中的字节数，通常这个字节数与所请求的字节数相同。除非请求的字节数超过剩余的字节数，这时将返回一个小于请求的字节数的数字。

3. write()系统调用

功能：对一个文件进行写操作。

格式：

```
#include <sys/types.h>
#include <unistd.h>
int write(int fd,void * buf,size_t nbytes)
```

该调用从 buf 所指的缓冲区中将 nbytes 个字节写到描述符 fd 所指的文件中。

4. close()系统调用

功能：关闭一个已打开的文件。

格式：

```
#include <unistd.h>
int close(int fd)
```

每打开一个文件，系统就给文件分配一个文件描述符，同时为打开文件描述符的引用计数加 1。Linux 文件系统最多可以分配 255 个文件描述符。当调用 close()时，打开文件描述符的引用计数值减 1，最后一次对 close()的调用将使应用计数值为零。

虽然当一个进程结束时，任何打开的文件将自动关闭，明显地关闭任何打开的文件是良好的程序设计习惯。

4.2　文件管理

要将文件存储在磁盘上，必须为之分配相应的存储空间，这就涉及到对文件存储空间的管理；采取何种方式存储，又涉及到文件的物理结构；为了简化对文件的访问和共享，还应设置相应的用户文件描述表及文件表。

4.2.1　文件存储空间的管理

1. 文件卷的组织

在 Linux 中，把每个磁盘(带)看作是一个文件卷，每个文件卷上可以存放一个具有独立目录结构的文件系统。一个文件卷包含许多物理块，并按块号 0＃、1＃、2＃、3＃、……N＃排列。其中，0＃块用于系统引导或空闲，1＃为超级块，存放文件卷的资源管理信息，如整个文件卷的盘块数、磁盘索引结点的盘块数、空闲盘块号栈及指针等。2＃～K＃存放磁盘索引结点。每个索引结点 64 B，第 K＋1＃～N＃存放文件数据。

2. 空闲盘块的组织

Linux 系统采用成组链接法组织空闲盘块。它将若干个空闲盘块划归一个组，将每组中所有盘块号存放在其前一组的第一个空闲盘块中，而第一组中所有空闲盘块号放入超级块的空闲盘块号栈中。

3. 空闲盘块的分配与回收

内核要从文件系统中分配一个盘块时，先检查超级块空闲盘块号栈是否已上锁。如果已经加锁，则调用 sleep 睡眠，否则将超级块中空闲盘块栈栈顶盘块号分配出去。

回收时，若空闲盘块号栈未满，直接将回收盘块编号记入空闲盘块号栈中。若回收时栈已满，则先将栈中的所有空闲盘块号复制到新回收的盘块中，再将新回收盘块的编号作为新栈的栈底块号进栈。

4.2.2　文件的物理结构

Linux 系统未采用传统的三种文件结构形式，而是将文件所占用盘块的盘块号，直接或间接地存放在该文件索引结点的地址项中。查找文件时，只需找到该文件的索引结点，便可用直接或间接的寻址方式获得指定文件的盘块。

过程 bmap 可将逻辑文件的字节偏移量转换为文件的物理块号。先将字节偏移量转换为文件逻辑块号及块内偏移量，再把逻辑块号转换为文件的物理块号。

4.2.3　用户文件描述符表和文件表

每个进程的 U 区中设置一张用户文件描述符表，只在首次打开文件时才需给出路径名。内核在该进程的用户文件描述符表中，分配一空项，取其在该表中的位移量作为文件描述符 fd 返回给用户。当用户再次访问该文件时，只需提供 fd，系统根据 fd 便可找到相应文件的内存索引结点。fd 表项的分配由 ufalloc 完成。

为了方便用户对文件进行读/写及共享，系统中设置了一张文件表。每个用户在打开文件时，都要在文件表中获得一表项，其中包含下述内容：① f. flag：文件标志，指示该文件打开是为了读或写；② f. inode：指向打开文件的内存索引结点指针；③ f. offset：文件读写指针偏移值；④ f. count：文件引用计数。

4.3 目录管理

在 Linux 系统中，为了加速对文件目录的查找，将文件名和文件说明分开，由文件说明形成一个称为索引结点的数据结构，而相应的文件目录项则只由文件符号名和指向索引结点的指针构成。对目录的管理应包括的功能有：对索引结点的管理、构造目录、检索目录。

4.3.1 对索引结点的管理

每个文件都有一唯一的磁盘索引结点(di_node)。文件被打开后，还有一个内存索引结点(i_node)。创建一新文件时，就为之建立一个磁盘索引结点，以将文件的有关信息记入其中，并将用户提供的文件名和磁盘索引结点号一并组成一个新目录项，记入其父目录文件中。文件被撤消时，系统要回收该文件的磁盘索引结点，从其父目录中删除该目录项。随着文件的打开与关闭，系统还要为之分配和回收内存索引结点。

1. *磁盘索引结点*

磁盘索引结点中，包含有关文件的下述一系列信息：

(1) 文件模式 di_mode。可以是正规文件、目录文件、字符特别文件、块特别文件和管道文件等几种。

(2) 文件所有者用户标识符 di_uid。指拥有该文件的用户标识符。

(3) 同组用户标识符 di_gid。与拥有该文件的用户在同一小组的用户标识符。

(4) 文件长度 di_size。以字节计数的文件大小。

(5) 文件的联接计数 di_nlink。表明在本文件系统中所有指向该文件的文件名计数。

(6) 文件的物理地址 di_addr。其中共有 13 项，即 di_addr(0)-di_addr(12)，每个地址项占 3 字节。

(7) 文件的访问时间 di_atime。指文件最近被进程访问的时间。

(8) 文件的修改时间 di_mtime。指文件和索引结点最近被进程修改的时间。

(9) 文件的建立时间 di_citime。

2. *内存索引结点*

文件被打开后，系统为它在内存索引结点表区中建一内存索引结点，以方便用户和系统对文件的访问。其中，一部分信息是直接从磁盘索引结点拷贝过来的，例如 i_mode、i_uid、i _gid、i_size、i_addr、i_nlink 等，并又增加了如下各信息：

(1) 索引结点编号 i_number。作为内存索引结点的标识符。

(2) 状态 i_flag。指示内存索引结点是否已上锁、是否有进程等待此 i 结点解锁、i 结点是否被修改、是否有最近被访问等标志。

(3) 引用计数 i_count。记录当前有几个进程正在访问此 i 结点，每当有进程访问此 i 结点时，对 i_count 加 1，退出减 1。

(4) 设备号 i_dev。文件所属文件系统的逻辑设备号。

(5) 前向指针 i_forw。Hash 队列的前向指针。

(6) 后向指针 i_back。Hash 队列的后向指针。

3. *磁盘索引结点的分配与回收*

(1) 分配过程 ialloc

当内核创建一新文件时，要为之分配一空闲磁盘 i 结点。如果分配成功，便再分配一内存 i 结点。其过程如下：

① 检查超级块上锁否。由于超级块是临界资源，诸进程必须互斥地访问它，故在进入 ialloc 后，要先检查它是否已上锁，若是则睡眠等待；

② 检查 i 结点栈空否。若 i 结点栈中已无空闲结点编号，则应从盘中再调入一批 i 结点号进栈。若盘中已无空闲 i 结点，则出错处理，返回；

③ 从空闲 i 结点编号栈中分配一 i 结点，并对它初始化、填写有关文件的属性；

④ 分配内存 i 结点；

⑤ 将磁盘 i 结点总数减 1，置超级块修改标志，返回。

(2) 回收过程 ifree

当删除文件时，应回收其所占用的盘块及相应的磁盘 i 结点。具体过程如下：

① 检查超级块上锁否。若是，直接返回，即不把本次回收的 i 结点号记入空闲 i 结点编号栈中；

② 检查 i 结点编号栈满否。若已满，无法再装入新回收的 i 结点号，立即返回，若未满，便将回收的 i 结点编号进栈，并使当前空闲结点数加 1；

③ 置超级块修改标志，返回。

4. *内存索引结点的分配与回收*

(1) 分配过程 iget

虽然 iget 用在打开文件时为之分配 i 结点，但由于允许文件被共享，因此，如果一文件已被其他用户打开并有了内存 i 结点，则此时只需将 i 结点中的引用计数加 1。如果文件尚未被任何用户(进程)打开，则由 iget 过程为该文件分配一内存 i 结点，并调用 bread 过程将其磁盘 i 结点的内容拷贝到内存 i 结点中并进行初始化。

(2) 回收过程 iput

进程要关闭某文件时，须调用 iput 过程，先对该文件内存 i 结点中的引用计数减 1。若结果为 0，便回收该内存 i 结点，再对该文件的磁盘 i 结点中的连接计数减 1，若其结果也为 0，便删除此文件，并回收分配给该文件的盘块和磁盘 i 结点。

4.3.2 构造目录

文件系统的一个基本功能是实现按名存取，它通过文件目录来实现。为此须使每一个文件都在文件目录中有一个目录项，通过查找文件目录可找到该文件的目录项和它的索引结点，进而找到文件的物理位置。对于可供多个用户共享的文件，则可能有多个目录项。如果要将文件删除，其目录项也应删除。

构造目录(make_node)先调用 ialloc 为新建文件分配一磁盘 i 结点及内存 i 结点。若分配失败，则返回。分配成功时须先设置内存 i 结点的初值，调用写目录过程 wdir，将用户提供的文件名与分配给该文件的磁盘 i 结点号一起，构成一新目录项，再将它记入其父目录文件中。

4.3.3 检索目录

用户在第一次访问某文件时，需要使用文件的路径名，系统按路径名去检索文件目录，得到该文件的磁盘索引结点，且返回给用户一个文件描述符 fd，以后用户便可利用该 fd 来访问文件，这时系统不需再去检索文件目录。

检索目录(namei)根据用户给出的路径名，从高层到低层顺序地查找各级目录，寻找指定文件的索引结点号。检索时，对以‘/’开头的路径名，须从根目录开始检索，否则，从当前目录开始，并把与之对应的 i 结点作为工作索引结点，然后用文件路径名中的第一分量名与根或与当前目录文件中的各目录项的文件名，逐一进行比较。由于一个目录文件可能占用多个盘块，在检索完一个盘块中所有目录项而未找到匹配的文件分量名时，须调用 bmap 和 bread 过程，将下一个盘块中的所有目录项读出后，再逐一检索。若检索完该目录文件的所有盘块而仍未找到，才认为无此文件分量名。

4.4 主要文件操作的处理

4.4.1 打开文件

打开文件(open)操作的处理过程：

(1) 检索目录。内核调用 namei 从根目录或从当前目录，沿目录树查找指定的索引结点。若未找到或该文件不允许存取，则出错处理返回 NULL，否则转入下一步。

(2) 分配内存索引结点。如果该文件已被其他用户打开，只需对上一步中所找到的 i 结点引用计数加 1，否则应为被打开文件分配一内存 i 结点，并调用磁盘读过程将磁盘 i 结点的内容拷贝到内存i结点中,并设置i.count=1。

(3) 分配文件表项。为已打开的文件分配一文件表项,使表项中的f.inode指向内存索引结点。

(4) 分配用户文件描述表项。

4.4.2 创建文件

创建文件(creat)操作的处理过程:

(1) 核心调用namei。从根目录或当前目录开始,逐级向下查找指定的索引结点。此时有以下两种情况:重写文件或新建文件。

(2) 重写文件。namei找到了指定i结点,调用free释放原有文件的磁盘块。此时内核忽略用户指定的许可权方式和所有者,而保持原有文件的存取权限方式和文件主,最后打开。

(3) 新建文件。namei未找到。调用ialloc,为新创建的文件分配一磁盘索引结点,并将新文件名及所分配到的i结点编号,写入其父目录中,建立一新目录项。利用与open相同的方式,把新文件打开。

4.4.3 关闭文件

关闭文件(close)操作的处理过程:

(1) 根据用户文件描述符fd,从相应的用户文件描述符表项中,获得指向文件表项的指针fp。

(2) 对该文件表项中的f.count减1。

第5章　设备管理

本章是设备管理的实践背景知识，主要内容有设备驱动程序、设备驱动的功能、设备驱动的实现、设备驱动的安装与设备的使用等。通过本章内容的学习，重点掌握设备驱动程序的组织结构和程序代码、设备驱动的实现方法步骤、设备驱动的安装与设备的使用方法。

5.1　设备驱动程序

5.1.1　设备驱动程序简介

Linux 系统设备驱动程序集成在内核中，它实际上是处理或操作硬件控制器的软件。从本质上讲，设备驱动程序是常驻内存的低级硬件处理程序的共享库，设备驱动程序就是对设备的抽象处理，也就是说，设备驱动程序是内核中具有高特权级的、常驻内存的、可共享的下层硬件处理例程。设备驱动程序封装了如何控制这些设备的技术细节，并通过特定的接口导出一个规范的操作集合；内核使用规范的设备接口通过文件系统接口把设备操作导出到用户空间程序中。

在 Linux 系统中，字符设备和块设备的 I/O 操作是有区别的。块设备在每次硬件操作时把多个字节传送到内存缓存中或从内存缓存中把多个字节信息传送到设备中；而字符设备并不使用缓存，信息传送是以字节为单位进行的。Linux 系统允许设备驱动程序作为可装载内核模块实现，也就是说，设备的接口实现不仅可以在 Linux 系统启动时进行注册，而且还可以在 Linux 系统启动后装载模块时进行注册。

5.1.2　设备驱动程序与外界的接口

每种类型的设备驱动程序，不管是字符设备还是块设备都为内核提供相同的调用接口，故内核能以相同的方式处理不同的设备。Linux 系统为每种不同类型的设备驱动程序维护各自的数据结构，以便定义统一的接口并实现驱动程序的可装载性和动态性。

Linux 系统设备驱动程序与外界的接口可以分为如下三个部分：

(1) 驱动程序与操作系统内核的接口：这是通过数据结构 file_operations 来完成的。

(2) 驱动程序与系统引导的接口：这部分是利用驱动程序对设备进行初始化。

(3) 驱动程序与设备的接口：这部分描述了驱动程序如何与设备进行交互，这与具体设备密切相关。

5.1.3　设备驱动程序的组织结构

设备驱动程序有一个比较标准的组织结构，一般可分为下面三个主要组成部分：

（1）自动配置和初始化子程序

这部分程序负责检测所要驱动的硬件设备是否存在以及是否能正常工作。如果该设备正常，则对其相关软件状态进行初始化。这部分程序仅在初始化时被调用一次。

（2）服务于 I/O 请求的子程序

该部分又可称为驱动程序的上半部分，由系统调用对这部分进行操作。系统认为这部分程序在执行时的进程和进行调用的进程属于同一个进程，只是由用户态变成了内核态，而且具有相同的运行环境。故可以在其中调用与进程运行环境有关的函数。

（3）中断服务子程序

该部分又可称为驱动程序的下半部分。设备在 I/O 请求结束时或其他状态改变时产生中断。中断可以产生在任何一个进程运行时，因此中断服务子程序被调用时并不依赖于任何进程的状态，因而也就不能调用与进程运行环境有关的函数。因为设备驱动程序一般支持同一类型的若干设备，所以在系统调用中断服务子程序时都带有一个或多个参数，以唯一的标识确定请求服务的设备。

5.1.4　设备驱动程序的代码

设备驱动程序是一些函数和数据结构的集合，这些函数和数据结构是为实现设备管理的一个简单接口。操作系统内核使用这个接口来请求驱动程序对设备进行 I/O 操作，甚至，可以把设备驱动程序看成是一个抽象数据类型，它为计算机中的每个硬件设备都建立了一个通用函数接口。由于一个设备驱动程序就是一个模块，所以在内核内部用一个 file 结构来识别设备驱动程序，而且内核使用 file_operations 结构来访问设备驱动程序中的函数。

理解设备驱动程序代码中的几个部分：驱动程序的注册与注销、设备的打开与释放、设备的读写操作、设备的控制操作、设备的中断和轮询处理。

1. 字符设备驱动程序的代码

（1）字符设备：字符设备用于数据的输入和输出，其基本单位是字符。字符设备属于无结构设备。

（2）字符设备的基本入口点：字符设备的基本入口点也可称为子程序，它们被包含在驱动程序的 file_operations 结构中。open()函数、release()函数、read()函数、write()函数、ioctl()函数、select()函数。

（3）字符设备的注册：设备驱动程序提供的入口点在设备驱动程序初始化时向系统登记，以便系统调用。

Linux 系统通过调用 register_chrdev()向系统注册字符型设备驱动程序。

register_chrdev()定义如下：

```
#include <linux/fs.h>
#include <linux/errno.h>
int register_chrdev(unsigned int major, const char * name, struct file_operations * ops);
```

其中：① major 为设备驱动程序向系统申请的主设备号。如果它为 0，则系统为该驱动程序动态地分配第一个空闲的主设备号，并把设备名和文件操作表的指针置于 chrdevs 表的相应位置；② name 是设备名；③ ops 是对各个调用入口点的说明。

register_chrdev()函数返回 0 表示注册成功；返回-EINVAL 表示申请的主设备号非法，一般情况下主设备号大于系统所允许的最大设备号；返回-EBUSY 表示所申请的主设备号正被其他设备驱动程序使用。

如果动态分配主设备号成功，则该函数将返回所分配的主设备号。如果 register_chrdev()操作成功，则设备名就会出现在/proc/devices 文件中。

字符设备注册以后，还必须在文件系统中为其创建一个代表结点。该结点可以是在/dev 目录中的一个结点，这种结点都是文件结点，且每个结点代表一个具体的设备。不过要有主设备号和从设备号两个参数才能创建一个结点；还可以是在 devfs 设备文件目录下的一个结点，对于这种结点应根据主设备号给每一种设备都创建一个目录结点，在这个目录下才是代表具体设备的文件结点。

2. 块设备驱动程序的代码

(1) 块设备：用于存储信息，基本单位为数据块，属于有结构设备。

(2) 块设备驱动程序描述符：是一个 blk_dev_struct 类型的数据结构，其定义如下：

```
struct blk_dev_struct
{
   // queue_proc has to be atomic
   request_queue_t request_queue;
   queue_proc * queue;
   void * date;
};
```

在这个结构中，请求队列 request_queue 是主体。对于函数指针 queue，当其为非 0 时，就调用这个函数来找到特定设备的请求队列，这是为考虑具有同一主设备号的多种同类设备而设的一个域，该指针也在初始化时就设置好。还有一个指针 data 是辅助 queue 函数找到特定设备的请求队列。

所有块设备的描述符都存放在 blk_dev 表中：struct blk_dev_structblk_dev[MAX_BLKDEV]；每个块设备都对应着数组中的一项，可以用主设备号进行检索。每当用户进程对一个块设备发出一个读写请求时,首先调用块设备所共用的函数 generic_file_read()和 generic_file_write()。如果数据存在于缓冲区中或缓冲区还可以存放数据,就同缓冲区进行数据交换;否则,系统会将相应的请求队列结构添加到其对应项的 blk_dev_struct 中,如果在加入请求队列结构时该设备处于闲置状态,则马上响应该请求,否则将其追加到请求任务队列尾按顺序执行。

(3) 块设备的基本入口点:读写函数、request()函数(处理请求函数)、ioctl 函数、check_media_change 函数、revalidate 函数。

(4) 块设备的注册:和字符设备驱动程序类似,内核里的块设备驱动程序也是由一个主设备号来标识。不过,对于块设备驱动程序不仅在其初始化的时候要进行注册,在编译的时候也要进行注册。在初始化时通过 register_blkdev()函数将相应的块设备添加到数组 blk-devs[]中,该数组在 fs/block_dev. c 中定义如下:

```
static struct
……
{
    const char * name;
    struct block_device_operations * bdops;
} blkdevs[MAX_BLKDEV];
```

对块设备驱动程序进行注册的调用格式为:

```
int register_blkdev(unsigned int major,const char * name,struct block _device_ operations * bdops);
```

其中:第一个参数是主设备号;第二个参数是设备名;第三个参数是指向具体块设备操作的指针。

如果一切顺利则返回 0,否则返回负值;如果指定的主设备号为 0,则该函数会搜索空闲的主设备号以分配给该块设备驱动程序并将其作为返回值。

5.2　设备驱动的功能

本章以设计和实现一个虚拟命名管道(FIFO)的字符设备为例来说明设备驱动程序的功能。管道是进程间通信的一种方式:一个进程向管道中写数据,另一个进程从管道中读取数据,先写入的数据先读出。驱动程序要实现 N(N=4)个管道,每个管道对应两个设备,次设备号是偶数的设备是只写设备,次设备号是奇数的是只读设备。写入设备 i(i 是偶数)的字符可以从设备 i+1 读出。这样,一共就需要 2^N 个设备号。

设计目标是写一个模块化的字符设备驱动程序。设备所使用的主设备号可以从尚未分配的主设备号中任选一个,/Documentation/devices. txt 记录了当前版本内核的主设备号分配情况。如果设备文件系统(devfs)尚未激活,在加载模块之后,还必须用 mknod 命令创建相应的设备文件结点。

如果管道 FIFO 的写入端尚未打开，管道 FIFO 中就不会有数据可读，所以此时试图从管道 FIFO 中读取数据的进程应该返回一个错误码。如果写入端已经打开，为了保证对临界区的互斥访问，调用读操作的进程必须被阻塞。如果存在被阻塞的读者，在写操作完成后（或者关闭一个写设备时）必须唤醒它；如果写入的数据太多，超出了缓冲区中空闲块的大小，调用写操作的进程必须睡眠，以等待缓冲区中有新的空闲块。

5.3　设备驱动的实现

5.3.1　数据结构的建立

1. 包含必要的头文件、宏和全局变量

程序名：vfifo. c

```
#ifndef_KERNEL_
#define_KERNEL_
#endif
#ifndef MODULE
#define MODULE
#endif
#define_NO_VERSION_
#include<linux/config.h>
#include<linux/module.h>
#include<linux/kernel.h>
#include<linux/malloc.h>
#include<linux/fs.h>
#include<linux/proc_fs.h>
#include<linux/errno.h>
#include<linux/types.h>
#include<linux/fcntl.h>
#include<linux/init.h>
#include<asm/system.h>
#include<asm/uaccess.h>
#ifndef VFIFO_MAJOR
#define VFIFO_MAJOR 241
#endif
#ifndef VFIFO_NR_DEVS
#define VFIFO_NR_DEVS 4
#endif
#ifndef VFIFO_BUFFER
```

```
#define VFIFO_BUFFER 4000
#endif
#include<linux/devfs_fs_kernel.h>
devfs_handle_t vfifo_devfs_dir;
struct file_operations vfifo_fops;
int vfifo_major=VFIFO_MAJOR;
int vfifo_nr_devs=VFIFO_NR_DEVS;
int vfifo_buffer=VFIFO_BUFFER;
MODULE_PARM(vfifo_major,"i");
MODULE_PARM(vfifo_nr_devs,"i");
MODULE_PARM(vfifo_buffer,"i");
MODULE_AUTHOR("EBUDDY");
```

2. 管道(FIFO)的驱动定义

每个实际的 FIFO 设备都对应于一个 vfifo_Dev{}结构体。其中：① rdq 是阻塞读的等待队列；② wrq 是阻塞写的等待队列；③ base 是所分配缓冲区的起始地址；④ buffersize 是缓冲区的大小；⑤ len 表示管道中已有数据块的长度；⑥ start 表示当前应该读取的缓冲区位置相对于 base 的偏移量，即缓冲区起始数据的偏移量；⑦ readers 和 writers 分别表示 VFIFO 设备当前的读者个数和写者个数；⑧ sem 是用于互斥访问的信号量；⑨ r_handle 和 w_handle 用于保存设备文件系统的注册句柄；⑩ r_handle 对应的是只读设备，w_handle 对应的是同一管道的只写设备。具体的定义如下所示：

程序名：vfifo.c

```
typedef struct vfifo_Dev
{
   wait_queue_headrdq,wrq;
   char * base;
   unsigned int buffersize;
   unsigned int len;
   unsigned int start;
   unsigned int readers,writers;
   struct semaphore sem;
   devfs_handle_t r_handle,w_handle;
}vfifo_Dev;
```

5.3.2　设备操作接口

1. 注册与注销

注册时，必须考虑到两种管理方式(传统方式与 devfs 方式)的兼容性。在这里，用条件编译来解决这个问题。由于许多主设备号已经静态地分配给了公用设备，Linux 系统提供了动态分配机制以获取空闲的主设备号。传统方式下，如果调用 devfs_register_chrdev()时 major 为零的话，则它所调用的 register_chrdev()函数就会选择一个空闲号码作为返回值返回。主设备号总是正的，因此不会和错误码混淆。在 devfs 方式下，如果 devfs_register()的 flags 参数值为 DEVFS_FL_AUTO_DEVNUM，注册时就会自动生成设备号。

动态分配的缺点是：由于分配的主设备号不能保证总是一样的，无法事先创建设备结点。但是这并不是什么问题，因为一旦分配了设备号，就可以从/proc/devices 读到。为了加载一个设备驱动程序，我们可以用一个简单的脚本替换对 insmod 的调用，它通过/proc/devices 获得新分配的主设备号，并创建结点。加载动态分配主设备号驱动程序的脚本可以利用 awk 这类工具从/proc/devices 目录中获取信息，并在/dev 目录中创建文件。在实例程序中，为了简单起见，仍然使用静态分配的主设备号，且并没有使用统一的函数名 init_module()和 cleanup_module()，这是由于内核编程风格的变化。自从 2.3.13 版的内核以来，Linux 系统提供了两个宏 module_init()和 module_exit()来显式地命名模块的注册和注销函数。通常在源文件的末尾写上这两个宏。例如：

module_init(vfifo_init_module)；

module_exit(vfifo_exit_module)；

注意：在使用这两个宏之前必须先包含头文件<linux/init.h>。这样做的好处是，内核中的每一个注册和注销函数都有一个唯一的名字，有助于调试。驱动程序既可以设计成模块，又可以静态地编译进内核，用了这两个宏后就能更方便地支持这两种方式。实际上，对于模块来说，它们所做的工作仅仅是把给出的函数名重新命名为 init_module()和 cleanup_module()。当然，如果使用了 init_module()和 cleanup_module()作为函数名，那就没必要再使用这两个宏了。

(1) 注册

在函数名之前，可以看到一个表示属性的词“_init”，加了这个属性之后，系统会在初始化完成之后丢弃初始化函数，收回它所占用的内存，这样可以减小内核所占用的内存空间。但它只对内建的驱动程序有用，对于模块则没有影响。

程序名：vfifo.c

```
char vfifoname[8];
static int _init vfifo_init_module(void)    // 设备的注册函数
{
    int result,i;
    SET_MODULE_OWNER(&vfifo_fops);
    #ifdef CONFIG_DEVFS_FS
    vfifo_devfs_dir=devfs_mk_dir(NULL,"vfifo",NULL);
```

```
if(! vfifo_devfs_dir)
 return-EBUSY;
#endif
result=devfs_register_chrdev(vfifo_major,"vfifo",&vfifo_fops);
if(result<0)
{
 printk(KERN_WARNING "vfifo: can't get major %d\n",vfifo_major);
 return result;
}
if(vfifo_major==0)
 vfifo_major=result;
vfifo_devices=kmalloc(vfifo_nr_devs * sizeof(Vfifo_Dev),GFP_KERNEL);
if(! vfifo_devices)
{
 return-ENOMEM;
}
memset(vfifo_devices,0,vfifo_nr_devs * sizeof(Vfifo_Dev));
for(i=0;i<vfifo_nr_devs;i++)
{
    init_waitqueue_head(&vfifo_devices[i]. rdq);
    init_waitqueuc_head(&vfifo_devices[i]. wrq);
    sema_init(&vfifo_devices[i]. sem,1);
    #ifdef CONFIG_DEVFS_FS
    sprintf(vfifoname,"vfifo%d",2 * i);
    vfifo_devices[i]. w_handle=devfs_register(vfifo_devfs_dir,
    vfifoname,DEVFS_FL_NON,vfifo_major,2 * i,S_IFCHR|S_IRUGO|S_IWUGO,
    &vfifo_fops,vfifo_device+i);
    sprintf(vfifoname,"vfifo%d",2 * i+1);
    vfifo_devices[i]. r_handle=devfs_register(vfifo_devfs_dir,
    vfifoname,DEVFS_FL_NON,vfifo_major,2 * i+1,S_IFCHR|S_IRUGO|
    S_IWUGO,&vfifo_fops,vfifo_device+i);
    if(! vfifo_devices[i]. r_handle||! vfifo_devices[i]. w_handle)
    {
       printk(KERN_WARNING "vfifo: can't register vfifo device
       nr %i\n",i);
    }
    #endif
}
#ifdef VFIFO_DEBUG
```

```
    create_proc_read_entry("vfifo",0,NULL,vfifo_read_mem,NULL);
    #endif
    return 0;
}
```

(2) 注销

注销的工作相对简单,需要注意的是在卸载驱动程序之后要删除设备结点。如果设备结点是在加载时创建的,可以写一个简单的脚本在卸载时删除它们;如果动态结点没有从/dev 中删除,就可能造成不可预期的错误:系统可能会给另一个设备分配相同的主设备号,这样在打开设备时就会出错。

可以看到在函数名前标有属性"_exit",它的作用类似于"_init",即使内建的驱动程序忽略它所标记的函数。同样的,它对模块也没有影响。

程序名:vfifo. c

```
static void _exit vfifo_cleanup_module(void)   // 设备的注销函数
{
  int i;
  devfs_unregister_chrdev(vfifo_major,"vfifo");
  #ifdef VFIFO_DEBUG
  remove_proc_entry("vfifo",NULL);
  #endif
  if(vfifo_devices)
  {
    for(i=0;i<vfifo_nr_devs;i++)
    {
      if(vfifo_devices[i]. base)
      kfree(vfifo_devices[i]. base);
      devfs_unregister(vfifo_devices[i]. r_handle);
      devfs_unregister(vfifo_devices[i]. w_handle);
    }
    kfree(vfifo_devices);
    devfs_unregister(vfifo_devfs_dir);
  }
}
```

2. 打开与释放

(1) 设备的打开

打开设备主要是完成一些初始化工作,以及增加引用计数,防止模块在设备关闭前被注销。内核用主设备号区分不同类型的设备,而驱动程序用次设备号识别具体的设备。利用这一特性,可以用不同的方式打开同一个设备。

程序名:vfifo. c

```
static int vfifo_open(struct inode * inode,struct file * filp)
// 设备的打开函数
{
  Vfifo_Dev * dev;
  int num=MINOR(inode->i_rdev);
  /* 检查读写权限是否合法 */
  if((filp->f_mode&FMODE_READ)&&!(num%2)||(filp->f_mode&FMODE_WRITE)
  &&(num%2))
     return-EPERM;
  if(! filp->private_data)
  {
   if(num>=vfifo_nr_devs * 2)
    return-ENODEV;
   dev=&vfifo_nr_devices[num/2];
   filp->private_data=dev;
  }
  else
  {
   dev=filp->private_data;
  }
  /* 获得互斥访问的信号量 */
  if(down_interruptible(&dev->sem))
   return-ERESTARTSYS;
  /* 如果尚未分配缓冲区,则分配并初始化 */
  if(! dev->base)
  {
   dev->base=kmalloc(vfifo_buffer,GFP_KERNEL);
   if(! dev->base)
   {
    up(&dev->sem);
    return-ENOMEN;
   }
   dev->buffersize=vfifo_buffer;
   dev->len=dev->start=0;
  }
  if(filp->mode&FMODE_READ)
```

```
    dev->readers++;
  if(filp->mode&FMODE_WRITE)
    dev->writers++;
  filp->private_data=dev;
  MOD_INC_USE_COUNT;
  return 0;
}
```

(2) 设备的释放函数

释放(或关闭)设备就是打开设备的逆过程。

程序名:vfifo.c

```
static int vfifo_release(struct inode * inode,struct file * filp)
// 设备的释放函数
{
  Vfifo_Dev * dev=filp->private_data;
  /* 获得互斥访问的信号量 */
  down(&dev->sem);
  if(filp->f_mode&FMODE_READ)
    dev->readers--;
  if(filp->f_mode&FMODE_WRITE)
  {
    dev->writes--;
    wake_up_interruptible(&dev->sem);
  }
  if((dev->readers+dev->writers==0)&&(dev->len==0))
  {
    kfree(dev->base);
    dev->base=NULL;
  }
  up(&dev->sem);
  MOD_DEC_USE_COUNT;
  return 0;
}
```

3. 读写操作

读写设备也就意味着要在内核地址空间和用户地址空间之间传输数据。由于指针只能在当前地址空间操作,而驱动程序运行在内核空间,数据缓冲区则在用户空间,跨空间复制就不能通过通常的方法,如利用指针或通过 memcpy 来完成。在 Linux 系统中,跨空间复制是通过定义在<asm/uaccess.h>里的特殊函数实现的,既可以用通用的复制函数,也可以用针对不同数据大小(char,short,int,long)进行了优化的复制函数。为了能传输任意字节的数据,可以用 copy_to_user()和 copy_from_user()两个函数。

尽管上面的两个函数看起来很像正常的 memcpy 函数,但是当在内核代码中访问用户空间时必须额外注意一些问题:正在被访问的用户页面现在可能不在内存中,而且缺页处理函数有可能在传输页面的时候让进程进入睡眠状态。例如,当必须从交换区读取页面时就会发生这种情况。在设计驱动程序时必须注意:任何访问用户空间的函数都必须是可重入的,而且能够与驱动程序内的其他函数并发执行,这就是用信号量来控制并发访问的原因。上述这两个函数的作用并不局限于传输数据,它们也可以检查用户空间的指针是否有效。如果指针无效,则复制不会进行;如果在复制过程中遇到了无效地址,则只复制部分数据。在这两种情况下,函数的返回值都是尚未复制数据的字节数。如果不需要检查用户空间指针的有效性,可以直接调用_copy_to_user()和_copy_from_user()。就实际的设备操作而言,读的任务是用 copy_to_user()把数据从设备复制到用户空间,而写操作则是用 copy_from_user()必须把数据从用户空间复制到设备。每一个 read()或 write()系统调用都会要求传输一定字节数的数据,但驱动程序可以随意传输其中一部分数据。

如果有错误发生,read()和 write()都会返回一个负值,一个大于等于零的返回值会告诉调用程序成功传输了多少字节的数据。如果某个数据成功地传输了,随后发生了错误,返回值必须是成功传输的字节数,只有到下次函数被调用时才会报告错误。虽然内核函数返回一个负值标识错误,该数值表示已发生的错误种类,但是运行在用户空间的程序只能看到错误返回值－1。只有访问变量 errno,程序才能知道发生了什么错误。这两方面的不同行为,一方面是靠系统调用的 POSIX 调用标准强加的,另一方面是内核不处理 errno 的优点导致的。

(1) 读操作

程序名:vfifo.c

```
static ssize_t vfifo_read(struct file * filp,char * buf,size_t count,
loff_t * f_pos)          // read 代码
{
   vfifo_Dev * dev=filp->private_data;
   ssize_t read=0;
   /* 不允许进行定位操作 */
   if(f_pos! =&filp->f_pos)
      return-ESPIPE;
   /* 获得互斥访问的信号量 */
   if(down_interruptible(&dev->sem))
      return-ERESTARTSYS;
   do_more_read:
```

```
    /*没有数据可读,则进入循环等待*/
    while(dev->len==0)
    {
      if(! dev->writers)
      {
      up(&dev->sem);
      return-EAGAIN;
    }
    up(&dev->sem);
    if(filp->f_flags&O_NONBLOCK)
      return-EAGAIN;
    printk("%s reading:going to sleep\n",current->comm);
    if(wait_event_interruptible(dev->rdq,(dev->len>0)))
      return-ERESTARTSYS;
    printk("%s has been waken up\n",current->comm);
     if(down_interruptible(&dev->sem))
      return-ERESTARTSYS;
    }
    /*读数据*/
    while(count>0&&dev->len)
    {
       char * pipebuf=dev->base+dev->start;
       /*(buffersize-start)是可以一次性读取的最大数据量*/
       ssize_t chars=dev->buffersize-dev->start;
       if(chars>count) chars=count;
       if(chars>dev->len) chars=dev->len;
       if(copy_to_user(buf,pipebuf,chars))
       {
         up(&dev->sem);
         return-EFAULT;
       }
       read+=chars;
       dev->start+=chars;
       dev->start%=dev->buffersize;
       dev->len-=chars;
       count-=chars;
       buf+=chars;
    }
    /*Cache behavior optimizition*/
```

```
    if(! dev->len) dev->start=0;
    if(count&&dev->writers&&! (filp->flags&O_NONBLOCK))
    {
        up(&dev->sem);
        wake_up_interruptible(&dev->wrq);
        if(down_interruptible(&dev->sem))
          return-ERESTARTSYS;
        goto do_more_read;
    }
    up(&dev->sem);
    wake_up_interruptible(&dev->wrq);
    printk("%s did read %li bytes\n",current->comm, (long)read);
    return read;
}
```

(2) 写操作

程序名：vfifo. c

```
static ssize_t vfifo_write(struct file * filp,const char * buf,
size_t count,loff_t * f_pos)                // write 代码
{
  vfifo_Dev * dev=filp->private_data;
  ssize_t written=0;
  /* 不允许进行定位操作 */
  if(f_pos! =&filp->f-pos||count==0)
    return-ESPIPE;
  /* 获得互斥访问的信号量 */
  if(down_interruptible(&dev->sem))
    return-ERESTARTSYS;
  do_more_write:
  /* 缓冲区已满,则循环等待 */
  while(dev->len==dev->buffersize)
  {
    up(&dev->sem);
    if(filp->f_flags&O_NONBLOCK)
      return-EAGAIN;
    printk("%s writting:going to sleep\n",current->comm);
    if(wait_event_interruptible(dev->wrq,(dev->len<dev->buffersize)))
      return-ERESTARTSYS;
```

```
    printk("%s has been waken up\n",current->comm);
    if(down_interruptible(&dev->sem))
      return-ERESTARTSYS;
  }
  /*写数据*/
  while(count>0)
  {
    char * pipebuf=dev->base+(dev->len+dev->start)%dev->buffersize;
    /*下面两行计算可以一次性写入的最大数据量*/
    ssize_t chars=dev->buffersize-(dev->len+dev->start);
    if(chars<0) chars+=dev->start;
    if(chars! =0)
    {
      if(chars>count) chars=count;
      if(copy_from_user(buf,pipebuf,chars))
      {
        up(&dev->sem);
        return-EFAULT;
      }
      written+=chars;
      dev->len+=chars;
      count-=chars;
      buf+=chars;
    }
  }
  if(count&&! (filp->f_flags&O_NONBLOCK))
  {
    up(&dev->sem);
    wake_up_interruptible(&dev->rdq);
    if(down_interruptible(&dev->sem))
      return-ERESTARTSYS;
    goto do_more_write;
  }
  up(&dev->sem);
  wake_up_interruptible(&dev->rdq);
  printk("%s did write %li bytes\n",current->comm, (long)written);
  return written;
}
```

4. poll 方法

(1) poll 的有关概念

使用非阻塞型 I/O 的应用程序中经常要用到 poll()和 select()这两个系统调用。poll()和 select()本质上具有相同的功能：它们都允许一个进程决定它是否能无阻塞地从一个或多个打开的文件中读数据，或者向这些文件中写数据。这两个系统调用还可用来实现在无阻塞情况下的不同源输入的多路复用。同样的功能为什么要由两个不同的函数提供呢？这是因为它们几乎是在同一时间由两个不同的团体引入 Linux 系统中的，BSD Unix 引入了 select，System V 引入了 poll。在 Linux 2.0 版本的内核中只支持 select，从 2.1.23 版本的内核开始，系统提供了对两种调用的支持。这里的驱动程序是基于 poll 系统调用，因为 poll 提供了比 select 更详细的支持。poll 的实现可以执行 poll 和 select 两种系统调用，它的原型如下：

unsigned int (*poll) (struct file*, poll_table*)

(2) poll 的作用

驱动程序中的 poll 主要完成两个任务：① 在一个可能会在将来唤醒它的等待队列中将当前进程排队。通常，这意味着同时在输入和输出队列中对进程排队。函数 poll_wait()就用于这个目的，其工作方式与 select_wait()非常类似；② 构造一个位掩码描述设备的状态，并将其返回给调用者。这个位掩码描述了能立即被无阻塞执行的操作。

这两个操作通常是很简单的，在每个驱动程序中的实现都非常相似。然而，它们依赖于一些只有驱动程序才能提供的信息，因此必须在每个驱动程序中分别实现。poll_table 结构是在<linux/poll.h>中声明的，要使用 poll 调用，必须在源程序中包含这个头文件。需要提醒的是，无需了解它的内部结构，只要调用操作该结构的函数就行了。

(3) poll 部分标志位

POLLIN 如果设备可以被无阻塞地读，那么该位必须被设置。

POLLRDNORM 如果“普通”数据可以被读，该位必须被设置。一个可读设备返回(POLLIN|POLLRDNORM)。

POLLOUT 如果设备可以被无阻塞地写，则该位在返回值中被设置。

POLLWRNORM 该位与 POLLOUT，有时甚至的确为同一个数。一个可写的设备返回(POLLOUT|POLLWRNORM)。

(4) 具体的 poll 实现代码

程序名：vfifo.c

```
unsigned int vfifo_poll(struct file * filp, poll_table * wait)
{
  vfifo_Dev * dev=filp->private_data;
  unsigned int mask=0;
```

```
    poll_wait(filp, &dev->rdq, wait);
    poll_wait(filp, &dev->wrq, wait);
    if (dev->len>0) mask|=POLLIN|POLLRDNORM; /* readable */
    if(dev->len! = dev->buffersize) mask|=POLLOUT|POLLWRNORM;/* writable */
      return mask;
}
```

5.4 设备驱动的安装与设备的使用

5.4.1 设备驱动的安装

1. 对 vfifo. c 进行编译

#gcc-c vfifo. c-D_KERNEL_-DMODULE-O2-g-Wall

如果没有出错的话,将会在本目录下生成一个 vfifo. o 文件。

2. 以 root 身份登录并操作

(1) 先执行 module 的插入操作

#insmod vfifo. o

如果设备文件系统已经应用起来的话,此时在设备文件系统挂接的目录(通常是/dev)下,就可以找到 vfifo 文件结点了。如果没有应用设备文件系统,则需要手工为设备添加文件结点。首先进入 dev 目录,再执行如下命令:

[root@Linux/dev]#mknod vfifo c 241 0

[root@Linux/dev]#mknod vfifo c 241 1

……

[root@Linux/dev]#mknod vfifo c 241 7

此时就可以对设备进行读、写、ioctl 等操作了。

(2) 卸载 module

当不再需要对设备进行操作时,可以采用下面的命令卸载 module:

[root@Linux/dev]#rmmod vfifo

5.4.2 设备的使用

设备安装好之后就可以使用了。可以用 cp、dd 等命令以及输入/输出重定向机制来测试这个驱动程序。为了更清晰地了解程序是如何运行的,可以在适当的位置加入 printk(),通过它来跟踪程序。另外,还可以用专门的调试工具如 strace 来监视程序使用的系统调用。

例如,可以这样来写 vfifo 设备:

#strace ls/dev/vfifo*>/dev/vfifo0

＃strace cat/dev/vfifo1

到此为止，已经完成了对 Linux 设备驱动的分析，并且自己设计了一个与具体设备无关的特殊设备的驱动程序。

第6章　用户接口

本章是用户接口的实践背景知识，主要内容有控制台命令接口、系统调用等。通过本章内容的学习，重点掌握控制台命令接口的原理与实现、系统调用的类型和实现机制、系统调用的添加方法等。

6.1　控制台命令接口

6.1.1　Bash的基本原理

当登录Linux系统或者打开一个xterm时，当前默认的Shell就是Bash，Bash是GNU Project的Shell。GNU Project是自由软件基金会的一部分，它对Linux下的许多编程工具负责。Bash(Bourne Again SHell)是自由软件基金会发布的Bourne Shell的兼容程序，它包含了其他优秀shell的许多良好特性，功能非常全面。很多Linux版本都提供Bash。

Bash在处理自己的脚本时，先找到需要处理的命令名称，进而在当前用户的缺省命令目录中找到对应的命令，这些缺省目录一般是/usr/bin;/bin/;/sbin。在执行这些命令时，先使用进程创建系统调用fork()，再使用exec()系列系统调用来执行这些命令。

6.1.2　建立Bash脚本

1. 编辑文件

可以用最熟悉的编辑器来编辑脚本文件，比如用vi编辑文件名为script的脚本文件，在Shell下键入：

```
$ vi script
#! /bin/bash
echo Hello world!
```

然后保存，退出。

2. 测试脚本

使用指令：$ source script

3. 更改脚本属性

使用指令：

$ chmod a+x script

将脚本程序 script 设置为可执行。

4. 执行脚本

使用指令：$./script

6.1.3 关键字参考

echo：在终端上显示；

bash 特殊变量 1～9：保存当前进程或脚本的前 9 个参数；

ls：列举文件；

ws：统计数量；

function：定义函数。

6.2 系统调用

系统调用是一种用户程序进入系统空间的办法。操作系统是用户与计算机之间的接口，用户通过操作系统的帮助，可以快速、有效、安全可靠地使用计算机系统中的各种资源来解决自己的问题。为了使用户方便地使用操作系统，操作系统向用户提供了“用户与操作系统的接口”。这种接口支持用户与操作系统之间进行交互，这些接口被分为命令接口和程序接口两种。命令接口直接提供给用户在键盘终端上使用；程序接口则提供给用户（主要是程序员）编程时使用。要学习系统调用，首先要从程序接口入手。

6.2.1 程序接口

程序接口是操作系统专为用户程序设置的，也是用户程序取得操作系统服务的唯一途径，程序接口通常由系统调用组成。在每个操作系统中，通常有几十条到上百条的系统调用，它们的作用各不相同，有的用于进程控制，有的用于存储管理，有的用于文件管理等。在 Windows 系统下进行过 WIN32 编程的人员应该对 Windows 提供的 API 函数有一定的印象，这些 API 函数就是 Windows 操作系统提供给程序员的系统调用接口。而 Linux 作为一个操作系统，也有它自己的系统调用。

6.2.2 系统调用

通常，在操作系统的核心中都设置了一组用于实现各种系统功能的子程序，并将它们提供给程序员调用。程序员在需要操作系统提供某种服务的时候，便可以调用一条系统调用命令去实现他所希望的功能，这就是系统调用。各种不同的操作系统有各自的系统调用，Windows API 便是 Windows 系统的系统调用，Linux 系统的系统调用与 Windows 系统的不同之处是 Linux 系统内核代码完全公开，可以细致地分析出其系统调用的机制。

1. 系统调用和普通过程的区别

(1) 运行于不同的系统状态:用户程序可以通过系统调用进入系统空间,而普通过程则只能在用户空间中运行。

(2) 通过软中断切换:由于用户程序使用系统调用后要进入系统空间,所以需要调用一个软中断;而普通过程在被调用时没有这个过程。

2. 系统调用的类型

系统调用的作用与它所在的操作系统有着密切的联系,根据操作系统的性质不同,它们所提供的系统调用会有一定的差异。不过对于普通操作系统而言,应该具有下面几种类型的系统调用:进程控制类型、文件操纵类型、进程通信类型、信息维护类型。

3. 系统调用的实现机制

由于操作系统的不同,其系统调用的实现方式可能不同,然而实现机制应该是大致相同的,其机制的实现一般包含下面几个步骤:

(1) 设置系统调用号和参数:在系统当中,往往会设置多条系统调用命令,并赋予每条系统调用命令唯一的一个系统调用号。设置系统调用所需的参数有直接方式和参数表方式两种。

(2) 处理系统调用:操作系统中有个系统调用入口表,表中的每个表目都对应一条系统调用命令,它包含有该系统调用自带参数的数目、系统调用命令处理程序的入口地址等等。操作系统内核便是根据所输入的系统调用号在该表中查找到相应的系统调用,进而转入它的入口地址去执行系统调用程序。

6.2.3 添加系统调用

1. 添加源代码

添加系统调用的第一个任务是编写添加到内核中的源程序,即添加到内核文件中的一个函数,该函数的名称应该是在新的系统调用名称之前加上"sys_"标志。假设新加的系统调用为foo(),在/usr/src/linux/kernel/sys.c文件中添加源代码,如下所示:

```
asmlinkage int sys_foo(int x)
{
    printf("%d\n",x);
}
```

注意:在该目录中的"/usr/src/linux"是Linux各个版本的统称,它因系统内核的版本不同而名字不同。例如:当前操作系统是Linux 7.1其内核是Linux-2.4.2,所以在"usr/src"目录下有两个文件:Linux-2.4和Linux-2.4.2,其中linux-2.4是Linux-2.4.2的连接文件,可以进入任何一个目录,它对内核的修改都是一样的。

2. 连接新的系统调用

添加新的系统调用代码之后，下一个任务是让 Linux 内核的其余部分知道该程序的存在。为了从已有的内核程序中增加新函数的链接，需要进行下面的操作。

(1) 进入目录/usr/src/linux/include/asm-i386/，打开文件 unistd.h。

这个文件包含了系统调用清单，用来给每个系统调用分配一个唯一的号码。

系统调用号的定义格式如下：

```
#define_NR_name NNN
```

其中，name 以系统调用名称代替，而 NNN 是该系统调用对应的号码。应该将新的系统调用名称放到清单的最后，并给它分配已经用到的系统调用号后面的一个号码。例如：

```
#define_NR_foo 222
```

此处的系统调用号便是 222。Linux 内核自身用的系统调用号已经用到 221 了。而如果读者还要自行增加系统调用，就必须从 223 开始。

(2) 进入目录/usr/src/linux/arch/i386/kernel/，打开文件 entry.S。

该文件中有类似下面的清单：

```
ENTRY(sys_call_table)
.long SYSMBOL_NAME(sys_ni_syscall)
.long SYSMBOL_NAME(sys_exit)
.long SYSMBOL_NAME(sys_fork)
……
```

在该清单的最后加上：

```
.long SYSMBOL_NAME(sys_foo)
```

3. 重新编译内核

为了使新的系统调用生效，需要重建 Linux 的内核。首先必须以 root 身份登录。进入目录/usr/src/linux，重建内核：

```
[root@linuxserver root]#make menuconfig        // 配置新内核
[root@linuxserver root]#make dep               // 创建新内核
[root@linuxserver root]#make modules_install   // 加入模块
[root@linuxserver root]#make clean             // 清除多余创建的文件
[root@linuxserver root]#make bzImage           // 生成可执行内核引导文件
```

4. 使用新编译的内核

```
$ cp-a/usr/src/linux-2.4.2/arch/i386/boot/bzImage/boot
```

5. 重新配置/etc/lilo.conf 文件

使用 vi 编辑器编辑/etc/lilo.conf 文件：

```
vi/etc/lilo.conf
```

在其中加入如下几行：

image＝/boot/bzImage ＃启动内核的位置，即自己新配置的内核所在目录

label＝xhlinux ＃给内核起一个名字，配置完成，重新启动时，会显示这个名字

＃用户可以选择该项，重启后，系统将进入新配置的内核进行引导

read_only ＃定义新的内核为只读

root＝/dev/hda5 ＃定义硬盘的启动位置是/dev/hda5，在该设计中没有变

＃仿照以前内核引导的位置，不用修改，用以前的就可以

6. 完成以上配置后，重新启动系统进入自己的新系统

第7章　内核模块

本章是内核模块的实践背景知识，主要内容有模块及其组织结构、模块的编译、模块的加载与卸载等。通过本章内容的学习，重点掌握模块的概念及组织结构、模块的编译方法、模块的加载与卸载方法。

7.1　模块及其组织结构

7.1.1　模块的概念

1. 内核与模块

操作系统的“内核”是指操作系统中负责处理器、存储器、设备和文件管理的部分，它们一般常驻系统空间，有微内核与宏内核之分。所谓微内核，就是指操作系统中只负责实现操作系统的最基本的服务，比如内存管理、中断管理等，而其他的诸如文件系统、网络协议栈、驱动模块等就在外部的用户空间中执行。目前很多实时系统和嵌入式系统便是采用了微内核。而宏内核则是将文件系统、网络协议栈、驱动模块等这些部分都放在内核空间中运行，比如Linux就是采用了宏内核。

Linux系统采取了一种折中的办法，除了具有内核需要实现的最基本的服务外，其他部分均采用模块的方式，用户可以根据自己的需要动态的加载模块，也可以由系统自动加载。同时，采用模块方式也可以将应用程序调入到内核空间当中，实现一些在普通用户级无法实现的功能。可以说进行模块编程的同时，就是进行内核编程，因为它的运行环境是内核环境，它的程序运行函数库都是在内核空间定义的，而不是使用用户的函数库。

2. Linux模块

Linux模块是一些可以作为独立程序来编译的函数和数据类型的集合。在加载这些模块时，将它的代码链接到内核中。Linux模块有两种加载方式：静态加载（内核启动时加载）和动态加载（在内核运行过程中加载）。若在模块加载之前就调用了动态模块的一个函数，则此调用将失败；若模块已被加载，则内核就可以使用系统调用，并将其传递到模块中的相应函数。模块通常用来实现设备驱动程序（这要求模块的API和设备驱动程序的API相一致），模块能够实现所期望的任何功能。

7.1.2 模块的组织结构

1. Linux 内核模块结构

模块一旦被加载进系统，就在内核地址空间中的管态下执行，它就像任何标准的内核代码一样成为内核的一部分，并拥有和其他内核代码相同的权限和职责。若模块知道内核数据结构的地址，则它可以读写内核数据结构。但 Linux 系统是一个整体式的内核结构，整个内核是一个单独的且非常大的程序，从而存在一个普遍的问题：在一个文件中实现的函数可能需要在其他文件中定义的数据。在传统的程序中，这个问题是通过链接编译器在生成可执行对象文件时，使用链接编译器可以解析的外部（全局）变量来解决的。又因为模块的设计和实现与内核无关，所以模块不能靠静态链接通过变量名引用内核数据结构。恰好相反，Linux 内核采用了另外一种机制：实现数据结构的文件可以导出结构的符号名（可以从文件/proc/ksyms 或文件/…/kernel/ksyms.c 中以文本方式读取这个公开符号表），这样在运行时就可以使用这个结构了。不过在编写模块的过程中，编写（修改）导出变量时要格外注意，因为修改变量会导致修改内核的状态，其结果可能并不是内核设计者所期望的，所以在确信自己了解修改内核变量的后果之前，应该对这些变量只进行读操作。

2. 模块数据类型

模块作为一种抽象数据类型，它具有一个可以通过静态内核中断的接口。最小的模块结构必须包括两个函数：init_module()和 cleanup_module()，它们在系统加载模块和卸载模块时被调用。也可以编写一个只包括这两个函数的模块，这样该模块中唯一会被调用的函数就是模块被加载时所调用的函数 init_module()和模块被卸载时所调用的函数 cleanup_module()，并且用函数 init_module()来启动模块加载期间的操作，用函数 cleanup_module()来停止这些操作。

由于模块可以实现相当复杂的功能，故可以在模块中加入很多新函数以实现所期望的功能，不过加入模块的每个新函数都必须在该模块加载到内核中时进行注册。若该模块是静态加载的，则该模块的所有函数都是在内核启动时进行注册；若该模块是动态加载的，则这些新函数必须在加载这个模块时动态注册。当然，如果该模块被动态卸载了，则该模块的函数都必须从系统中注销。通过这种方式，当这个模块不在系统中时，就不能调用该模块的函数，其中注册工作通常是在函数 init_module()中完成的，而注销工作则是在函数 cleanup_module()中完成。

3. 模块格式

由上述定义的模块应有如下格式：

```
#include <linux/kernel.h>          // 说明是个内核功能
#include <linux/module.h>          // 声明是一个模块
……                                 // 其他 header 信息
int init_module()
{
  ……             // 加载时,初始化模块的编码
}
……
……               // 期望该模块所能实现的一些功能函数,如 open()、release()、
                 // write()、read()、ioctl()等函数
……
void cleanup_module()
{
  ……             // 卸载时,注销模块的编码
}
```

7.2　模块的编译

7.2.1　模块编译的概念

一旦设计并编写好模块,必须将其编译成一个适合内核加载的对象文件。由于编写模块是用 C 语言来完成的,故采用 gcc 编译器来进行编译。如果需要通知编译程序把这个模块作为内核代码而不是普通的用户代码来编译,则就需向 gcc 编译器传递参数"-D_ _KERNEL_ _";若需要通知编译程序这个文件是一个模块而不是一个普通文件,那么就要向 gcc 编译器传递参数"-DMODULE";若需要对模块程序进行优化编译、链接,则就需使用"-O2"参数;如果还需要对加载后的模块进行调试,那么就应该使用"-g"参数;同时需要使用"-Wall"参数来向加载程序传递 all,并使用"-c"开关通知编译程序在编译完这个模块文件后不调用链接程序。

7.2.2　编译模块文件命令

1. 一般编译模块文件的命令格式

```
#gcc-O2-g-Wall-DMODULE-D_ _KERNEL_ _-c filename.c
// filename.c 为自己编写的模块程序源代码文件
```

2. 参数说明

(1) -O2　　　　　　// 表示编译产生尽可能小和尽可能快的代码

(2) -Wall　　　　　// 提示编译信息

(3) -DMODULE // 确定其类型

(4) -D_KERNEL_ // 提示是对内核的编译

(5) /usr/src/linux-2.4/include 其中的选项是你机器的内核的版本

执行命令后就会得到文件 filename.o,该文件就是一个可加载的目标代码文件。

7.3 模块的加载与卸载

7.3.1 模块的加载

1. 模块的加载方法

内核模块的加载方法有两种:一种是使用 insmod 命令手工加载模块;另一种是请求加载 demand loading,即当有必要加载某个模块时,如果用户安装了内核中并不存在的文件系统时,核心将请求内核守护进程 kerneld 准备加载适当的模块。该内核守护进程是一个带有超级用户权限的普通用户进程。

系统启动时,kerneld 开始执行,并为内核打开一个 IPC 通道,内核通过向 kerneld 发送消息请求执行各种任务。kerneld 的主要功能是加载和卸载内核模块,kerneld 自身并不执行这些任务,它是通过某些程序(如 insmod)来完成。kerneld 只是内核的代理,只为内核进行调度。

insmod 程序必须找到请求加载的内核模块(该请求加载的模块一般被保存在/lib/modules/kernel-version 中)。这些模块与系统中其他程序一样是已链接的目标文件,但不同的是它们被链接成可重定位映象(即映象没有被链接在特定的地址上运行,其文件格式是 a.out 或 ELF),即模块在用户空间进行编译,结果产生一个可执行格式的文件。

2. 模块加载过程

在用 insmod 命令加载一个模块时,将会发生如下事件:

(1) 新模块(通过内核函数 create_module())加入到内核地址空间。

(2) insmod 执行一个特权级系统调用 get_kernel_syms()函数以找到内核的输出符号(一个符号表示为符号名和符号值,如地址值)。

(3) create_module()为这个模块分配内存空间,并将新模块添加在内核模块链表的尾部,然后将新模块标记为 UNINITIALIZED(模块未初始化)。

(4) 通过 init_module()系统调用加载模块(该模块定义的符号在此时被导出,供其他后来可能加载的模块使用)。

(5) insmod 为新加载的模块调用 init_module()函数,然后将新模块标志为 RUNNING(模块正在运行)。

在执行完 insmod 命令后,就可在/proc/modules 文件中看到加载的新模块了。为证实其正确性,可在执行 insmod 命令之前先查看/proc/modules 文件,执行之后再查看比较。

7.3.2　模块的卸载与管理模块的文件操作

1. 模块的卸载方法

当一个模块不需要使用时，可以使用 rmmod 命令卸载该模块。由于无需链接，因此它的任务比加载模块要简单得多。但如果请求加载模块时，当其使用计数为 0，kerneld 将自动从系统中卸载该模块。卸载时通过调用模块的 cleanup_module()释放分配给该模块的内核资源，并将其标志为 DELETED(模块被卸载)；同时断开内核模块链表中的链接，修改它所依赖的其他模块的引用，重新分配模块所占的内核内存。

2. 管理模块的文件操作

在内核中用一个 file 结构来识别模块，而且内核使用 file_operations 结构来访问模块程序中的函数。file_operations 结构是一个定义在<linux/fs. h>中的函数指针表。

管理模块的文件操作，通常也称为"方法"，它们都为 struct file_operations 提供函数指针。在 struct file_operations 中的操作一般按如下顺序出现，除非特别说明，一般它们返回 0 值时表示访问成功，发生错误时会返回一个负的错误值。

管理模块的文件操作顺序(共有 13 个操作)：int (* lseek)()、int (* read)()、int (* write)()、int (* readdir)()、int (* select)()、int (* ioctl)()、int (* mmap)()、int (* open)()、void (* release)()、int (* fsync)()、int (* fasync)()、int (* check_media_change)()、int (* revalidate)()。

(1) int (* read)(struct inode * ,struct file * ,char * , int)

该方法用来从模块中读取数据。当其为 NULL 指针时将引起 read 系统调用返回-EINVAL("非法参数")。如果函数返回一个非负值，则表示成功地读取了多少字节。

(2) int (* write)(struct inode * ,struct file * ,const char * , int)

该方法用来向模块发送数据。当其为 NULL 指针时将导致 write 系统调用返回-EINVAL。如果函数返回一个非负值，则表示成功地写入了多少字节。

(3) int (* open)(struct inode * , struct file *)

该方法是用来打开模块，它是作为第一个操作在模块结点上进行的。即便这样，该方法还是可以设置为 NULL 指针。如果为 NULL 指针，则表示该模块的打开操作永远成功，但系统不会通知模块程序。

(4) void (* release)(struct inode * ,struct file *)

该方法是用来关闭模块的操作。当结点需要被关闭时就调用这个操作。与 open 类似，release 也可以为 NULL 指针。

当在模块中需要上面这些方法时，若没有相应的方法，则可在 struct file_operations 中的相应地方将其令为 NULL 指针。因此，可以大体像下面这样：

```
struct file_operations modulename_fops=
{
    NULL,          // modulename_lseek
    modulename_read,
    modulename_write,
    NULL,          // modulename_readdir
    NULL,          // modulename_select
    NULL,          // modulename_ioctl
    NULL,          // modulename_mmap
    modulename_open,
    modulename_release,
    NULL,          // modulename_fsync
    NULL,          // modulename_fasync
    NULL,          // modulename_check_media_change
    NULL           // modulename_revalidate
}
```

第二篇　计算机操作系统上机实验

第8章　Linux基本操作实验

本章是Linux系统基本操作实验，主要内容有实验准备、Linux上机基础操作等。通过对本章内容的学习实践，重点掌握Linux实验环境，学会在Linux环境下编辑、编译、调试、运行C语言程序的基本操作技能。

8.1　实验准备

8.1.1　实验预习

(1) 预习第1章1.1 Linux的登录与退出。
(2) 预习第1章1.2 Linux常用命令。
(3) 预习第1章1.4 vi文本编辑器。
(4) 预习第1章1.5 gnu c编译器。
(5) 预习第1章1.7 Linux系统下C语言程序的运行。

8.1.2　实验安排

根据教学计划可安排1～2次实验，2～4学时。

8.2　Linux上机基础实验

8.2.1　实验目的

(1) 熟悉Linux系统实验环境，掌握Linux上机基础知识和基本操作技能。
(2) 掌握Linux系统的登录方法；熟悉使用Linux字符界面的常用命令。
(3) 分析Linux系统文件目录结构，熟悉获取联机帮助信息的方法。
(4) 练习并掌握Linux系统中编辑器vi和编译工具gcc的使用方法。
(5) 掌握在Linux系统环境下编辑、编译、调试、运行一个C语言程序的全过程。

8.2.2 实验内容

1. Linux 系统登录

通常,一台计算机上可能会安装多个操作系统,因此,在开机时会让用户选择进入哪个操作系统。当选择进入 Linux 系统后,Linux 系统启动过程中会显示大量初始化信息,要求能逐渐读懂这些初始化信息。

远程登录 telnet 命令的使用形式如下:

telnet [主机名]/[主机的 IP 地址]

例如:telnet 192.168.0.254

从安装了 Windows 操作系统的计算机登录到 Linux 服务器,具体操作如下:

(1) 单击"开始",选择"程序",选择"MS-DOS"方式(或"附件"-"命令提示符"或"开始",选择"运行")。

(2) 在命令提示符下输入 telnet[主机的 IP 地址];或在"运行"框中键入:telnet IP 地址。

(3) 如果连接成功,则会出现登录界面,通过用户账号和口令进行登录。

Linux 系统在相应初始化完成后,会在屏幕上显示"login:",此时输入用户名(即帐号)并键入回车,则系统显示"passwd:",然后输入口令并键入回车。此时,系统验证所键入的用户名和口令,若正确,则成功进入系统。

2. 退出、注销与关机

当用户不再使用 Linux 时,在离开前,通常应键入"logout"命令或<Ctrl+D>来退出账号。在 Linux 系统下,涉及到关机或重启的命令有:

(1) halt 命令。这是较常用的一种关机方式。

(2) reboot 命令。用户只是想退出 Linux 操作系统,并不想关机,还想再进入其他操作系统。

(3) shutdown 命令。在多用户系统中,系统管理员在关机前,通知各用户即将关机,以便给各用户留下一定的时间做好保存和退出工作。

3. 熟悉 Linux 字符界面,练习并掌握常用的 Linux 操作命令

(1) 显示目录 ls

```
$ ls            #查看当前目录内容
$ ls/etc        #查看指定目录 etc 的内容
$ ls-1          #查看当前目录内容
```

(2) 改变当前目录 cd

```
$ cd..          #改变到上层目录
$ cd/           #改变到根目录
```

(3) pwd　　　　　#显示当前目录路径

$ pwd

(4) 建立目录 mkdir

$ mkdir mydir　　#在当前目录下建立子目录 mydir

$ ls-1　　　　　#显示建立子目录后的当前目录内容

$ cd mydir　　　#改变到 mydir 目录下

$ mkdir sub1　　#在当前目录下建立子目录 sub1

$ mkdir sub2　　#在当前目录下建立子目录 sub2

$ ls-1　　　　　#显示建立子目录后的当前目录内容

$ cd..　　　　　#改变到上层目录

(5) 删除目录 rmdir

$ rmdir sub2　　#在当前目录下删除子目录 sub2

$ ls-1　　　　　#显示删除子目录后的当前目录内容

(6) 复制文件 cp

$ ls-1>file1　　#将当前目录下的目录内容形成一个文件 file1

$ cp file1 file2　#将文件 file1 复制成文件 file2

$ ls-1　　　　　#显示复制文件后的当前目录内容

(7) 文件、目录移动或改名 mv

$ mv file1 sub1　#将文件 file1 移动到 sub1 子目录中

$ ls-1 sub1　　#显示子目录 sub1 下的目录内容

$ mv file2 file3　#将文件 file2 改名为文件 file3

$ ls-1　　　　　#显示当前目录下的目录内容

(8) 删除文件 rm

$ rm file3　　　#将当前目录中的文件 file3 删除

$ ls-1　　　　　#显示当前目录下的目录内容

(9) 显示文件内容 cat

$ cat file1　　　#显示当前目录文件 file1 的内容

$ cat>file2　　　#建立文件 file2,用<Ctrl+D>结束输入

(10) 显示文件内容 more

$ more file1　　#分页显示文件 file1 的内容

4. 学习使用 Linux 的在线求助系统

$ man　　　　　#使用 man 在线求助

$ help　　　　　#使用 help 在线求助

5. 使用 vi 编辑一个输出字符串"Hello,I am a C program."的C语言程序,然后编译并

运行,熟悉 gcc 编译器的使用

(1) 输入:vi myfile1. c

(2) 输入 I 或 a 命令

(3) 输入下列内容:

```
#include <linux/unistd.h>
int main()
{  int i=getuid();
   printf("Hello world! This is my uid: %d\n",i);
}
```

(4) 按 Esc 键退出输入模式;

(5) 输入:wq,保存文件并退出;

(6) 输入编译命令:

$ gcc-o myexe1 myfile1. c

(7) 编译通过后,输入执行程序名运行:

$ ./myexe1

8.2.3 实验报告

(1) 实验目的与实验内容。

(2) 开机后登录 Linux 系统和退出系统的过程。

(3) Linux 系统的主要文件目录。

(4) 常用的 Linux 操作命令及使用举例。

(5) 输入、编辑、编译和运行一个 C 语言程序的完整过程。

第9章　进程管理实验

本章是进程管理实验，主要内容有实验准备、进程的创建实验、进程的控制实验、进程的互斥实验等。通过对本章内容的学习实践，重点掌握进程的创建、进程的控制、进程的互斥相关系统调用，学会分析有关进程创建、控制、互斥的应用实例，深刻理解进程并发执行和同步的实质。

9.1　实验准备

9.1.1　实验预习

(1) 做进程的创建实验，预习第2章2.1进程及其创建。

(2) 做进程的控制实验，预习第2章2.2进程状态及其控制。

(3) 做进程的互斥实验，预习第2章2.3进程互斥。

9.1.2　实验安排

根据教学计划可选择安排1～3次实验，2～6学时。

9.2　进程的创建实验

9.2.1　实验目的

(1) 加深对进程概念的理解，弄清楚进程和程序的区别。

(2) 熟悉Linux进程创建的系统调用的使用。

(3) 通过有关进程创建的应用实例，深刻理解进程并发执行的实质。

(4) 进一步熟悉Linux系统环境下C语言程序的开发方法，阅读、调试C程序并编写简单的进程创建程序。

9.2.2　实验内容

(1) 编写一段程序，使用系统调用fork( )创建两个子进程。当此程序运行时，在系统中有一个父进程和两个子进程活动。让每一个进程在屏幕上显示一个字符；父进程显示字符“a”，子进程分别显示字符“b”和“c”。试观察记录屏幕上的显示结果，并分析原因。

(2) 分析下列程序的功能,并写出程序的运行结果。

```
#include<stdio.h>
main( )
{ int pid;
  if(pid=fork())
    printf("it is parent process\n");
  else
    printf("it is child process\n");
  printf("it is end\n");
}
```

(3) 分析下列程序的功能,并写出程序的运行结果。

```
#include <stdio.h>
main()
{ int p1,p2,i;
  while((p1=fork())==-1);            /*创建子进程 p1*/
  if (p1==0)
    for(i=0;i<10;i++)
      printf("daughter %d\n",i);
    else
    {
      while((p2=fork())==-1);        /*创建子进程 p2*/
      if(p2==0)
        for(i=0;i<10;i++)
          printf("son %d\n",i);
      else
        for(i=0;i<10;i++)
          printf("parent %d\n",i);
    }
}
```

9.2.3 实验报告

(1) 实验目的与实验内容。

(2) 实验内容 1 的参考程序及运行结果分析。

```
#include<stdio.h>
main()
{
```

```
    int p1,p2;
    if(p1=fork())                /*子进程创建成功*/
      putchar('b');
    else
    {
      if(p2=fork())              /*子进程创建成功*/
        putchar('c');
      else
        putchar('a');            /*父进程执行*/
      }
}
```

<运行结果>

bca(有时会出现 a、b、c 的任意排列)

分析:从进程执行并发来看,输出 a、b、c 的任意排列都是有可能的。

原因:fork()创建进程所需的时间虽然可能多于输出一个字符的时间,但各个进程的时间片的获得却不一定是顺序的,所以输出 a、b、c 的任意排列都是有可能的。

(3) 实验内容 2 中的程序功能与运行结果分析。

该程序的结果是:	或者为:
it is child process	it is parent process
it is end	it is child process
it is parent process	it is end
it is end	it is end

分析:如果创建进程失败,则 fork()返回值为−1;若创建进程成功,则在父进程中返回值是子进程号,子进程中返回的值是 0。为什么会有两种答案呢?原因在于父子进程在执行时的时间片问题。前者是当时间片较大时产生的,后者是当时间片较小时产生的(如果此时系统中的用户较多的时候)。

(4) 实验内容 3 中的程序功能与运行结果分析。

9.3　进程的控制实验

9.3.1　实验目的

(1) 掌握使用系统调用 wait()和 exit()控制进程的方法。

(2) 掌握利用系统调用 exec()创建进程的方法。

(3) 熟悉进程的睡眠、同步、撤消等进程控制方法。

(4) 通过有关进程控制的应用实例,深刻理解进程同步的实质。

9.3.2 实验内容

(1) 分析使用 wait()和 exit()控制进程的程序功能与运行结果。

```
#include <stdio.h>
#include <stdlib.h>
#include <sys/types.h>
main()
{ int pid;
  if(pid=fork())
  { wait();
    printf("it is parent process\n");
  }
  else
  { printf("it is child process\n");
    exit(0);
  } /* exit( )头文件是#include <stdlib.h> */
  printf("it is end\n");
}
```

(2) 分析使用 wait()、exit()、exec()系统调用的程序功能与运行结果。

```
#include<stdio.h>
#include<unistd.h>
main( )
{
    int pid;
    pid=fork( );                          /*创建子进程*/
    switch(pid)
    {
        case -1:                          /*创建失败*/
          printf("fork fail! \n");
          exit(1);
        case 0:                           /*子进程*/
        execl("/bin/ls","ls","-1","-color",NULL);
        printf("exec fail! \n");
        exit(1);
      default:                            /*父进程*/
        wait(NULL);                       /*同步*/
        printf("ls completed ! \n");
```

```
        exit(0);
        }
}
```

(3) 通过 Linux 进程控制函数，由父进程创建子进程，子进程读取一个文件，父进程等子进程读完文件后继续执行，试编写程序实现。

程序框架如下：

```
#include <sys/types.h>
#include <sys/wait.h>
main()
{
    /* 创建子进程 */
    if(创建失败)
      /* 打印"创建进程失败"提示信息 */
    else if(子进程)
    { /* 子进程 */
      /* 打印子进程相关信息 */
      /* 退出子进程 */
    }
    else
    { /* 父进程 */
      /* 等待子进程信息 */
      /* 继续父进程的执行 */
    }
}
```

9.3.3 实验报告

(1) 实验目的与实验内容。

(2) 实验内容 1 中的程序功能与结果分析。

该程序的结果是：

it is child process

it is parent process

it is end

(3) 实验内容 2 中的程序功能与结果分析。

① 分析运行结果：

执行命令 ls －l －color，(按倒序)列出当前目录下所有文件和子目录；

ls completed!

② 分析原因：

程序在调用 fork()建立一个子进程后，马上调用 wait()，使父进程在子进程结束之前，一直处于睡眠状态。子进程用 exec()装入命令 ls ，exec()后，子进程的代码被 ls 的代码取代，这时子进程的 PC 指向 ls 的第 1 条语句，开始执行 ls 的命令代码。

注意：在这里用 wait()提供了一种实现进程同步的简单方法。

③ 思考：

a. 可执行文件加载时进行了哪些处理？

b. 什么是进程同步？ wait()是如何实现进程同步的？

(4) 实验内容 3 的参考程序：

```
#include <sys/types.h>
#include <sys/wait.h>
main()
{
     pid_t pc, pr;
     int status;
     pc=fork();
     if (pc<0)
        printf("Error occured on forking.\n");
     else if(pc==0)
     { /* 子进程 */
       /* 子进程的工作:可打印信息,让程序能运行 */
       exit(0);
     }
     else
     { /* 父进程 */
       pr=wait(&status);
       /* 继续父进程的执行 */
     }
}
```

9.4 进程的互斥实验

9.4.1 实验目的

(1) 进一步理解进程并发执行的过程。

(2) 分析进程竞争资源的现象，学习解决进程互斥的方法。

(3) 理解进程互斥的 lockf()系统调用。

(4) 通过有关进程互斥的应用实例,深刻理解进程互斥的实质。

9.4.2　实验内容

(1) 分析程序1和程序2的运行过程与结果。程序2用lockf()来给每一个进程加锁,以实现进程之间的互斥,观察和分析出现的现象。

程序1如下:

```
#include <stdio.h>
main()
{
    int p1,p2,i;
    if(p1=fork())
    {
      for(i=0;i<500;i++)
         printf("parent%d\n",i);
      wait(0);  /* 保证在子进程终止前,父进程不会终止 */
      exit(0);
    }
    else
    {
     if(p2=fork())
     {
        for(i=0;i<500;i++)
          printf("son %d\n",i);
        wait(0);  /* 保证在子进程终止前,父进程不会终止 */
        exit(0);  /* 向父进程信号置0且该进程退出 */
    }
    else
    {
        for(i=0;i<500;i++)
          printf("grandchild %d\n",i);
        exit(0);
    }
  }
}
```

程序2如下:

```
#include <stdio.h>
main()
```

```
{
    int p1,p2,i;
    if(p1=fork())
    {
        lockf(1,1,0);
        for(i=0;i<500;i++)
            printf("child %d\n",i);
        lockf(1,1,0);
    }
    else
    {
        if(p2=fork())
        {
            lockf(1,1,0);
            for(i=0;i<500;i++) printf("son %d\n",i);
            lockf(1,1,0);
        }
        else
        {
            lockf(1,1,0);
            for(i=0;i<500;i++) printf("daughter %d\n",i);
            lockf(1,0,0);
        }
    }
}
```

(2) 试分析下列程序的执行过程和结果,并与实验内容 1 中的程序 2 进行比较。

```
#include <stdio.h>
#include <unistd.h>
main()
{ int p1,p2,i;
  while((p1=fork())==-1);                    /*创建子进程 p1*/
  if (p1==0)
  { lockf(1,1,0);                            /*加锁*/
    for(i=0;i<10;i++)
          printf("daughter %d\n",i);
        lockf(1,0,0);                        /*解锁*/
  }
```

```
        else
        {
            while((p2=fork( ))==-1);            /*创建子进程p2*/
            if (p2==0)
            { lockf(1,1,0);    /*加锁*/
              for(i=0;i<10;i++)
                printf("son %d\n",i);
              lockf(1,0,0);                     /*解锁*/
            }
            else
            { lockf(1,1,0);                     /*加锁*/
                for(i=0;i<10;i++)
                  printf(" parent %d\n",i);
                lockf(1,0,0);                   /*解锁*/
              }
        }
    }
```

(3) 分析以下程序的执行与输出结果。

```
#include<stdio.h>
#include<unistd.h>
main()
{
    int p1,p2,i;
    int *fp;
    fp = fopen("to_be_locked.txt","w+");
    if(fp==NULL)
    {  printf("Fail to create file");
       exit(-1);
    }
    while((p1=fork( ))== -1);                       /*创建子进程p1*/
    if (p1==0)
    {  lockf(*fp,1,0);                              /*加锁*/
       for(i=0;i<10;i++)
          fprintf(fp,"daughter %d\n",i);
       lockf(*fp,0,0);                              /*解锁*/
    }
    else
```

```
        {  while((p2=fork( ))==-1);              /*创建子进程 p2*/
          if (p2==0)
          {  lockf( *fp,1,0);                     /*加锁*/
             for(i=0;i<10;i++)
                fprintf(fp,"son %d\n",i);
             lockf( *fp,0,0);                     /*解锁*/
          }
          else
          {  wait(NULL);
             lockf( *fp,1,0);                     /*加锁*/
             for(i=0;i<10;i++)
                fprintf(fp,"parent %d\n",i);
             lockf( *fp,0,0);                     /*解锁*/
          }
        }
      fclose(fp);
   }
```

9.4.3 实验报告

(1) 实验目的与实验内容。

(2) 实验内容 1 中的程序功能与结果分析。

程序 1 运行结果如下:

parent…

son…

grandchild…

grandchild…

或

grandchild

…son

…grandchild

…son

…parent

分析:由于函数 printf()输出的字符串之间不会被中断,所以每个字符串内部的字符顺序输出时不变。但是,由于进程并发执行时的调度顺序和父子进程的抢占处理机问题,输出字符串的顺序和先后随着执行的不同而发生变化。这与打印单字符的结果相同。

请读者自己分析实验内容 1 中程序 2 的运行过程和结果。

(3) 对实验内容 2 中的程序进行分析与思考。

① 分析运行结果：

parent…	或parent…
son…	son…
daughter	parent…
daughter	daughter

大致与未上锁的输出结果相同，也是随着执行时间不同，输出结果的顺序有所不同。

② 分析原因：

上述程序执行时，不同进程之间不存在共享临界资源(其中打印机的互斥性已由操作系统保证)问题，所以加锁与不加锁效果相同。

③ 将实验内容 2 中程序的运行过程和结果与实验内容 1 中程序 2 进行比较。

(4) 实验内容 3 中的程序功能与结果分析，并用命令：cat to_be_locked.txt 查看输出结果。

第 10 章　进程通信实验

本章是进程通信实验，主要内容有实验准备、信号通信机制实验、管道通信实验、消息传递实验、共享存储区实验等。通过对本章内容的学习实践，重点掌握信号通信机制、管道通信机制、消息传递机制、共享存储区通信的基本原理和方法。学会分析有关进程信号通信、管道通信、消息传递通信、共享存储区通信的应用实例，深刻理解进程通信的实质。

10.1　实验准备

10.1.1　实验预习

(1) 做信号通信实验，预习第 2 章 2.4 信号通信机制。
(2) 做管道通信实验，预习第 2 章 2.5 管道通信机制。
(3) 做消息传递通信实验，预习第 2 章 2.6 消息传递机制。
(4) 做共享存储区通信实验，预习第 2 章 2.7 共享存储区。

10.1.2　实验安排

根据教学计划可选择安排 1～4 次实验，2～8 学时。

10.2　信号通信实验

10.2.1　实验目的

(1) 了解信号及其通信机制的概念。
(2) 熟悉 Linux 系统中进程之间软中断通信的基本原理。
(3) 掌握信号的发送、对信号的处理、信号机制的相关系统调用的使用。
(4) 掌握阻塞型与非阻塞型通信的概念及其程序分析。

10.2.2　实验内容

(1) 分析下列程序的执行过程和功能，并写出程序的运行结果。

```
#include<stdio.h>
#include <stdlib.h>
int func();
main()
{ int i,j;
  signal(17,func); /*接收到软中断信号 17,转 func*/
  if(i=fork())
  {  printf("Parent: Signal 17 will be send to Child! \n");
     kill(i,17);  /*父向子发送软中断信号*/
     wait(0);
     printf("Parent: finished! \n");
  }
  else
  {  sleep(10); /* sleep(n)用于进程的同步与互斥,n是暂停秒数*/
     printf("Child: A signal from my Parent is received! \n")
     exit(0);
  }
}
func()
{
    printf("It is signal 17 processing function! \n";)
}
```

(2) 分析下列程序：用 fork()创建两个子进程，再用系统调用 signal()让父进程捕捉键盘上来的中断信号(按〈Ctrl+C〉键)；捕捉到中断信号后，父进程用系统调用 kill()向两个子进程发出信号，子进程捕捉到信号后分别输出下列信息后终止：

Child process1 is killed by parent!

Child process2 is killed by parent!

父进程等待两个子进程终止后，输出如下的信息后终止：

Parent process is killed!

程序如下：

```
#include <stdio.h>
#include <signal.h>
#include <unistd.h>
void waiting(),stop();
int wait_mark;
main()
```

```
{   int p1,p2,stdout;
    while((p1=fork())==-1);                    /*创建子进程p1*/
    if (p1>0)
    {   while((p2=fork())==-1);                /*创建子进程p2*/
        if(p2>0)
        {   wait_mark=1;
            signal(SIGINT,stop); /*接收到〈Ctrl+C〉信号,转stop*/
            waiting( );
            kill(p1,16);                       /*向p1发软中断信号16*/
            kill(p2,17);                       /*向p2发软中断信号17*/
            wait(0);                           /*同步*/
            wait(0);
            printf("Parent process is killed! \n");
            exit(0);
        }
        else
        {   wait_mark=1;
            signal(17,stop); /*接收到软中断信号17,转stop*/
            waiting( );
            lockf(stdout,1,0);
            printf("Child process 2 is killed by parent! \n");
            lockf(stdout,0,0);
            exit(0);
        }
    }
    else
    {   wait_mark=1;
        signal(16,stop);                       /*接收到软中断信号16,转stop*/
        waiting();
        lockf(stdout,1,0);
        printf("Child process 1 is killed by parent! \n");
        lockf(stdout,0,0);
        exit(0);
    }
}
void waiting()
{
    while(wait_mark! =0);
}
```

```
void stop()
{
    wait_mark=0;
}
```

(3) 根据 2.4.5 中的阻塞型通信中的程序框架补充完善程序。

(4) 根据 2.4.5 中的非阻塞型通信中的程序框架补充完善程序。

10.2.3 实验报告

(1) 实验目的与实验内容。

(2) 实验内容 1 中的程序功能与结果分析。

(3) 对实验内容 2 中的程序进行分析与思考。

① 分析利用软中断通信实现进程同步的机理。

② 分析运行结果：

屏幕上无反应，按下〈Ctrl+C〉后，显示"Parent process is killed!"

③ 分析原因：

上述程序中，signal()都放在一段程序的前面部位，而不是在其他接收信号处。这是因为 signal()的执行只是为进程指定信号值 16 或 17 的作用，以及分配相应的与 stop()过程链接的指针。因而，signal()函数必须在程序前面部分执行。此方法通信效率低，当通信数据量较大时一般不用此法。

④ 思考：

a. 该程序段前面部分用了两个 wait(0)，它们起什么作用？

b. 该程序段中每个进程退出时都用了语句 exit(0)，为什么？

c. 为何预期的结果并未显示出来？

d. 程序该如何修改才能得到正确结果？若不修改程序，如何得到期望的输出？

(4) 根据 2.4.5 中的阻塞型通信中的框架补充完善的参考程序。

```
#include <stdio.h>
#include <unistd.h>
#include <sys/types.h>
#include <signal.h>
#include <wait.h>
void sigchld_handler(int sig)
{
  pid_t pid;
```

```
    int status;
    for(;(pid=waitpid(-1,&status,WNOHANG))>0;)
    {
        printf("child %d died :%d\n",pid,WEXITSTATUS(status));
        printf("hi,parent process received SIGHLD signal successfully! \n");
    }
    return;
}
void main()
{
    int p_id;
    if((p_id=fork())==0)
    {
        printf("hello ,i'm child process ,and i'll exit in 2 seconds! \n");
        sleep(2);
        exit(1);
    }
    else if(p_id==-1)
    {
        printf("fork new process error! \n");
        exit(0);
    }
    else
    {
        signal(SIGCHLD,sigchld_handler);
        pause();
        }
}
```

(5) 根据 2.4.5 中的非阻塞型通信中的框架补充完善的参考程序。

```
#include <stdio.h>
#include <unistd.h>
#include <sys/types.h>
#include <signal.h>
#include <wait.h>
void sigchld_handler(int sig)
{
    pid_t pid;
```

```
    int status;
    for(;(pid=waitpid(-1,&status,WNOHANG))>0;)
    {
        printf("child %d died :%d\n",pid,WEXITSTATUS(status));
        printf("hi,parent process received SIGHLD signal successfully! \n");
    }
    return;
}
void main()
{
        int p_id;
        if((p_id=fork())==0)
        {
          printf("hello ,i'm child process ,and i'll exit in 2 seconds! \n");
          sleep(2);
          exit(1);
        }
        else if(p_id==-1)
        {
          printf("fork new process error! \n");
          exit(0);
        }
        else
        {
          signal(SIGCHLD,sigchld_handler);
          pause();
        }
 }
```

10.3 管道通信实验

10.3.1 实验目的

(1) 理解管道的概念。

(2) 掌握 Linux 系统支持的管道通信方式:有名管道和无名管道。

(3) 掌握 pipe 文件的建立与读/写进程互斥。

(4) 掌握管道的相关系统调用(pipe()、read()、write())的使用。

10.3.2 实验内容

(1) 分析下列程序的功能和运行结果。

```
#include <stdio.h>
#include <stdlib.h>
main()
{   int x,fd[2];
    char S[30];
    pipe(fd);
    for (;;)
    {   x=fork();
        if (x==0)
        {   sprintf(S, "Good-night! \n");
            write(fd[1],S,20);
            sleep(3);
            exit(0);
        }
        else
        {   wait(0);
            read(fd[0],S,20);
            printf("********** %s\n",S);
        }
    }
}
```

(2) 分析下列实现管道通信的进程。

① 程序中用系统调用 pipe()建立一管道，两个子进程 P1 和 P2 分别向管道写一行信息：Child 1 is sending a message! 和 Child 2 is sending a message!

② 父进程从管道中读出两个来自子进程的信息并显示，要求先接收 P1，后接收 P2。

程序如下：

```
#include <unistd.h>
#include <signal.h>
#include <stdio.h>
int pid1,pid2;
main( )
{   int fd[2];
    char outpipe[100],inpipe[100];
```

```
    pipe(fd);                     /*创建一个管道*/
    while ((pid1=fork( ))==-1);
    if(pid1==0)
    {  lockf(fd[1],1,0);
       sprintf(outpipe,"child 1 process is sending message!");
                                  /*把串放入数组 outpipe 中*/
       write(fd[1],outpipe,50);   /*向管道写长为 50 字节的串*/
       sleep(5);                  /*自我阻塞 5 秒*/
       lockf(fd[1],0,0);
       exit(0);
    }
    else
    {  while((pid2=fork( ))==-1);
       if(pid2==0)
       {  lockf(fd[1],1,0);       /*互斥*/
          sprintf(outpipe,"child 2 process is sending message!");
          write(fd[1],outpipe,50);
          sleep(5);
          lockf(fd[1],0,0);
          exit(0);
       }
       else
       {  wait(0);                /*同步*/
          read(fd[0],inpipe,50);  /*从管道中读长为 50 字节的串*/
          printf("%s\n",inpipe);
          wait(0);
          read(fd[0],inpipe,50);
          printf("%s\n",inpipe);
          exit(0);
          }
       }
}
```

(3) 根据 2.5.1 中的有名管道程序框架补充完善程序。

(4) 根据 2.5.2 中的无名管道程序框架补充完善程序。

10.3.3　实验报告

(1) 实验目的与实验内容。

(2) 实验内容1中的程序功能与运行结果分析。

建立一个pipe,同时父进程产生一个子进程,子进程向pipe中写入一个字符串,父进程从中读出该字符串,并每隔3秒钟输出显示一次(每隔3秒钟输出一行＊＊＊＊＊＊＊＊＊＊Good－night!,用〈Ctrl＋C〉停止,回到用户目录下)。

(3) 对实验内容2中的程序进行分析与思考。

① 分析运行结果:

延迟5秒后显示

child 1 process is sending message!

再延迟5秒

child 2 process is sending message!

② 思考:

a. 程序中的sleep(5)起什么作用?

b. 子进程1和2为什么也能对管道进行操作?

(4) 根据2.5.1中有名管道和程序框架补充完善的参考程序。

```
#include <sys/types.h>
#include <sys/stat.h>
#include <stdio.h>
#include <errno.h>
#include <fcntl.h>
#include <string.h>
#define FIFO_SERVER "/tmp/fifoserver"
#define BUFFERSIZE 80
void main()
{
    int fd,p_id;
    int ret;
    int in_file,out_file;
    char w_buf[BUFFERSIZE];
    const char *teststring="HelloWorld!";
    if(mkfifo(FIFO_SERVER,0777)==-1)
    {
        printf("cannot create fifoserver\n");
        exit(-1);
    }
    printf("mk fifo successed! \n");
    if((p_id=fork())==0)
```

```
    {
        out_file = open(FIFO_SERVER,O_WRONLY);
        if(out_file==-1)
        {
          printf("open fifo error\n");
          exit(-1);
        }
        if((ret=write(out_file,teststring,strlen(teststring)))==-1)
        {
          printf("write buf error! \n");
          exit(-1);
        }
        printf("write success\n");
        fclose(out_file);
    }
    else if(p_id>0)
    {
        in_file=open(FIFO_SERVER,O_RDONLY);
        printf("befor read w_buf is: %s\n",w_buf);
        ret=read(in_file,w_buf,BUFFERSIZE);
        w_buf[ret]=0;
        printf("after read w_buf is: %s\n",w_buf);
        fclose(in_file);
    }
    else
    {
        printf("fork error! \n");
        exit(-1);
    }
}
```

(5) 根据 2.5.1 中有名管道和程序框架补充完善的参考程序。

```
#include <wait.h>
#include <stdio.h>
#include <unistd.h>
#include <string.h>
#define MAX_LINE 80
void main()
```

```
{
    int pid;
    int pipe_fd[2],ret;
    char buf[MAX_LINE+1];
    const char *testbuf="a test string!";
    if(pipe(pipe_fd)==0)
    {
        if((pid=fork())==0)
        {
            close(pipe_fd[1]);
            sleep(3);
            ret=read(pipe_fd[0],buf,MAX_LINE);
            buf[ret]=0;
            printf("child read success! buf is :%s\n",buf);
            close(pipe_fd[0]);
            exit(0);
        }
        else
        {
            close(pipe_fd[0]);
            ret=write(pipe_fd[1],testbuf,strlen(testbuf));
            //ret=wait(NULL);
            printf("parent write successed! \n");
            close(pipe_fd[1]);
            printf("parent close fd[1] over\n");
            sleep(10);
        }
    }
    return 0;
}
```

10.4 消息传递实验

10.4.1 实验目的

(1) 掌握消息的概念及消息数据结构。

(2) 熟悉消息传送的机理。

(3) 掌握消息传递的相关系统调用(msgget()、msgsnd()、msgrcv()、msgctl())的使用。

10.4.2　实验内容

分析下列客户端程序和服务器端程序。程序中使用系统调用 msgget()、msgsnd()、msgrev()及 msgctl()实现长度为 1k 的消息发送和接收的程序。

(1) 客户端程序:client. c

```
#include <sys/types.h>
#include <sys/msg.h>
#include <sys/ipc.h>
#define MSGKEY 75
struct msgform
{   long mtype;
    char mtext[1000];
}msg;
int msgqid;
void client()
{
    int i;
    msgqid=msgget(MSGKEY,0777);                    /*打开 75#消息队列*/
    for(i=10;i>=1;i--)
    {
        msg.mtype=i;
        printf("(client)sent\n");
        msgsnd(msgqid,&msg,1024,0);                /*发送消息*/
    }
    exit(0);
}
main( )
{
    client( );
}
```

(2) 服务器端程序:server. c

```
#include <sys/types.h>
#include <sys/msg.h>
#include <sys/ipc.h>
#define MSGKEY 75
struct msgform
{   long mtype;
```

```
    char mtext[1000];
}msg;
int msgqid;
void server( )
{
    msgqid=msgget(MSGKEY,0777|IPC_CREAT);                /*创建75#消息队列*/
    do
    {
     msgrcv(msgqid,&msg,1030,0,0); /*接收消息*/
     printf("(server)received\n");
    }while(msg.mtype! =1);
    msgctl(msgqid,IPC_RMID,0);    /*删除消息队列,归还资源*/
    exit(0);
}
main( )
{
    server();
}
```

(3) 程序说明

① 为了便于操作和观察结果，编制两个程序 client.c 和 server.c，分别用于消息的发送与接收。

② 服务器端 server 建立一个 key 为 75 的消息队列，等待其他进程发来的消息。当遇到类型为 1 的消息，则作为结束信号，取消该队列，并退出 server。server 每接收到一个消息后显示一句“(server)received”。

③ 客户端 client 使用 key 为 75 的消息队列，先后发送类型从 10 到 1 的消息，然后退出。最后一个消息，即是 server 端需要的结束信号。client 每发送一条消息后显示一句“(client)sent”。

(4) 两个程序分别编译为 client 与 server。

执行：

./server &

ipcs －q

./client。

10.4.3 实验报告

(1) 实验目的与实验内容。

(2) 对实验内容中的程序进行分析与思考。

① 运行结果分析

从理想的结果来说，应当是每当client发送一个消息后，server接收该消息，client再发送下一条。也就是说"(client)sent"和"(server)received"的字样应该在屏幕上交替出现。实际的结果大多是，先由client发送了两条消息，然后server接收一条消息。此后client、server交替发送和接收消息，最后server一次接收两条消息。client和server分别发送和接收了10条消息，与预期设想一致。

② 思考

message的传送和控制并不保证完全同步，当一个程序不在激活状态的时候，它完全可能继续睡眠，造成了上面的现象，在多次send message后才recieve message。这一点有助于理解消息传送的实现机理。

10.5 共享存储区实验

10.5.1 实验目的

(1) 理解共享存储区的概念。

(2) 熟悉共享存储机制的运用。

(3) 掌握共享存储区通信的相关系统调用(shmget()、shmat()、shmdt()、shmctl())的使用。

10.5.2 实验内容

(1) 分析一长度为1k的共享存储区发送和接收的程序。

程序如下：

```
#include <sys/types.h>
#include <sys/shm.h>
#include <sys/ipc.h>
#define SHMKEY 75
int shmid,i;
int *addr;
void client( )
{  int i;
   shmid=shmget(SHMKEY,1024,0777);              /*打开共享存储区*/
   addr=shmat(shmid,0,0);                       /*获得共享存储区首地址*/
   for (i=9;i>=0;i--)
   {  while (*addr! =-1);
      printf("(client) sent\n");
```

```
        *addr=i;
    }
    exit(0);
}
void server( )
{
    shmid=shmget(SHMKEY,1024,0777|IPC_CREAT);        /*创建共享存储区*/
    addr=shmat(shmid,0,0);                           /*获取首地址*/
    do
    {
      *addr=-1;
      while (*addr==-1);
      printf("(server) received\n");
    }while (*addr);
    shmctl(shmid,IPC_RMID,0);                        /*撤消共享存储区,归还资源*/
    exit(0);
}
main( )
{
    while ((i=fork( ))==-1);
    if (! i) server( );
    system("ipcs -m");
    while ((i=fork( ))==-1);
    if (! i) client( );
    wait(0);
    wait(0);
}
```

程序说明:

① 为了便于操作和观察结果,用一个程序作为"引子",先后用 fork()创建两个子进程,server 和 client 进行通信。

② server 端建立一个 key 为 75 的共享区,并将第一个字节置为-1,作为数据空的标志,等待其他进程发来的消息。当该字节的值发生变化时,表示收到了信息,进行处理。然后再次把它的值设为-1,如果遇到的值为 0,则视为为结束信号,取消该队列,并退出 server。server 每接收到一次数据后显示"(server)received"。

③ client 端建立一个 key 为 75 的共享区,当共享取得第一个字节为-1 时,server 端空闲,可发送请求。client 随即填入 9 到 0,期间等待 server 端的再次空闲。进行完这些操作后,client 退出。client 每发送一次数据后显示"(client)sent"。

④ 父进程在 server 和 client 均退出后结束。

(2) 利用共享内存解决读者—写者问题。要求有写者创建一个共享内存,并向其中写入数据,读者进程随后从该共享内存中访问数据。

以下分别给出读者进程与写者进程的代码框架,请补充程序。

```
/* * * * write.c * * * */
#include <sys/ipc.h>
#include <sys/shm.h>
#include <sys/types.h>
#include <unistd.h>
typedef struct
{
  char name[4];
  int age;
} people;
main(int argc, char * * argv)
{
 /* 调用 fork()函数创建一个键值 */
 if(创建键值失败)
     /* 打印"创建键值失败"信息 */
     /* 调用 shmget 创建一块共享内存区 */
 if(创建共享内存失败)
 {
     /* 打印"创建共享内存失败"信息 */
     /* 返回 */
 }
 /* 将共享内存区附加到自己的内存段 */
 /* 向共享内存中写入数据 */
 * 将其从自己的内存段中"删除"出去 */
 if(删除失败)
     /* 打印"删除失败"信息 */
     /* 返回 */
}
```

```
/* * * * read.c * * * */
#include <sys/ipc.h>
#include <sys/shm.h>
#include <sys/types.h>
#include <unistd.h>
```

```
typedef struct
{
    char name[4];
    int age;
}people;
main(int argc, char * * argv)
{
    /* 调用 fork()函数创建一个键值 */
    if(创建键值失败)
    {
        /* 打印"创建键值失败"信息 */
        /* 调用 shmget 获取一块共享内存区 */
    }
    if(获取共享内存失败)
    {
        /* 打印"获取共享内存失败"信息 */
        /* 返回 */
    }
    /* 将共享内存区附加到自己的内存段 */
    /* 向共享内存中写入数据 */
    * 将其从自己的内存段中"删除"出去 */
    if(删除失败)
    {
        /* 打印"删除失败"信息 */
        /* 返回 */
    }
}
```

10.5.3 实验报告

(1) 实验目的与实验内容。

(2) 对实验内容 1 中的程序进行分析与思考。

① 分析运行结果

和预想的完全一样。但在运行过程中,发现每当 client 发送一次数据后,server 要等待大约 0.1 秒才有响应。同样,之后 client 又需要等待大约 0.1 秒才发送下一个数据。

② 程序分析

出现上述应答延迟的现象是程序设计的问题。当 client 端发送了数据后,并没有任何措施通知 server 端数据已经发出,需要由 client 的查询才能感知。此时,client 端并没有放弃系统的控制权，仍然占用 CPU 的时间片。只有当系统进行调度时，切换到了 server 进程，再进行应答。这个问题，也同样存在于 server 端到 client 的应答过程中。

③ 思考

由于消息传递和共享存储区两种机制实现的机理和用处都不一样，难以直接进行时间上的比较。如果比较其性能，应更加全面的分析。

a. 消息队列的建立比共享存储区的设立消耗的资源少。前者只是一个软件上设定的问题，后者需要对硬件的操作，实现内存的映像，当然控制起来比前者复杂。如果每次都重新进行队列或共享的建立，共享区的设立没有什么优势。

b. 当消息队列和共享存储区建立好后，共享区的数据传输得到了系统硬件的支持，不耗费多余的资源；而消息传递由软件进行控制和实现，需要消耗一定的 CPU 资源。从这个意义上讲，共享存储区更适合频繁和大量的数据传输。

c. 消息的传递自身就带有同步的控制。当等到消息的时候，进程进入睡眠状态，不再消耗 CPU 资源。而共享存储区如果不借助其他机制进行同步，接收数据的一方必须进行不断的查询，白白浪费了大量的 CPU 资源。可见，消息传递方式的使用更加灵活。

(3) 根据读者进程与写者进程的代码框架完善的参考程序。

```
/****write.c****/
#include <sys/ipc.h>
#include <sys/shm.h>
#include <sys/types.h>
#include <unistd.h>
typedef struct
{
  char name[4];
  int age;
}people;
main(int argc, char** argv)
{
  int shm_id,i;
  key_t key;
  char temp;
  people *p_map;
  char* name="/dev/shm/myshm2";
  key=ftok(name,0);
  if(key==-1)
   perror("ftok error");
  /*先用 ftok 创建一个 key,再调用 shmget,创建一块共享内存区域*/
```

```
    shm_id=shmget(key,4096,IPC_CREAT);
    if(shm_id==-1)
    {
      perror("shmget error");
      return;
    }
    /*将这块共享内存区附加到自己的内存段*/
    p_map=(people*)shmat(shm_id,NULL,0);
    temp='a';
    for(i=0;i<10;i++)
    {
      temp+=1;
      memcpy((*(p_map+i)).name,&temp,1);
      (*(p_map+i)).age=20+i;
    }
    /*写数据完毕,将其从自己的内存段中"删除"出去*/
    if(shmdt(p_map)==-1)
      perror(" detach error ");
  }
```

```
  /****read.c****/
  #include <sys/ipc.h>
  #include <sys/shm.h>
  #include <sys/types.h>
  #include <unistd.h>
  typedef struct
  {
    char name[4];
    int age;
  }people;
  main(int argc, char** argv)
  {
    int shm_id,i;
    key_t key;
    people *p_map;
    char* name="/dev/shm/myshm2";
    key=ftok(name,0);
    if(key==-1)
```

```
    perror("ftok error");
  shm_id=shmget(key,4096,IPC_CREAT);
  if(shm_id==-1)
  {
  perror("shmget error");
  return;
  }
  p_map = (people *)shmat(shm_id,NULL,0);
  for(i=0;i<10;i++)
  {
   printf( "name:%s\n",(*(p_map+i)).name );
   printf( "age %d\n",(*(p_map+i)).age );
  }
  if(shmdt(p_map)==-1)
   perror("detach error");
}
```

第 11 章　内存管理实验

本章是内存管理实验，主要内容有实验准备、分区与页式存储管理实验等。通过对本章内容的学习实践，重点掌握内存管理的常用命令和系统调用、内存的分配与回收实现。学会分析有关动态存储分配相关函数、请求页式存储管理的页面置换算法的应用实例，理解虚拟存储技术的特点、页面置换算法的实现。

11.1　实验准备

11.1.1　实验预习

(1) 预习第 3 章 3.1 相关命令与函数。

(2) 预习第 3 章 3.2 动态分区存储管理。

11.1.2　实验安排

根据教学计划可安排 1 次实验，2 学时。

11.2　分区与页式存储管理实验

11.2.1　实验目的

(1) 掌握内存管理的常用命令和相关系统文件。

(2) 掌握动态存储分配相关函数(malloc、free)的使用。

(3) 掌握动态分区存储管理方式的内存分配与回收的方法。

(4) 通过请求页式存储管理方式中页面置换算法模拟设计，了解虚拟存储技术的特点，掌握请求页式存储管理的页面置换算法。

11.2.2　实验内容

(1) 分析下列程序的功能及运行结果。

```
#include <stdio.h>
#include <string.h>
#include <malloc.h>
```

```
int main(void)
{ char *str;
    if((str=(char *))malloc(10))==NULL)
    {   printf("not enough memory to allocate buffer\n");
        exit(1);
    }
    strcpy(str,"hello");
    printf("string is %s\n",str);
    free(str);
    return 0;
}
```

(2) 分析程序的功能及运行结果。

```
#include<stdio.h>
#include <sys/stat.h>
#include <unistd.h>
#include <stdlib.h>
main()
{ int fd,len;
  void *tp;
  struct stat ps;
  fd=open("/home/B070326/sy11.c",0);        /* 自己建立一个名为 sy11.c 的文件 */
  fstat(fd,&ps);
  len=ps.st_size;
  tp=malloc(len);
  read(fd,tp,len);
  printf("%s\n",tp);
  close(fd);
}
```

(3) 分析模拟动态分区存储管理方式的内存分配回收的程序。

要求：首先确定内存空间分配表；然后采用最优适应算法完成内存空间的分配，完成内存空间的回收；最后通过主函数对所作工作进行测试。

给定程序如下：

```
#define n 10                    /* 定义系统允许的最大作业数 */
#define m 10                    /* 定义系统允许的空闲区表最大值 */
#define minisize 100
struct                          /* 已分配区表的定义 */
```

```
{ float address;
  float length;
  int flag;
}used_table[n];
struct                                /*空闲区表的定义*/
{ float address;
  float length;
  int flag;
}free_table[m];
allocate(char J,float xk)             /*内存分配函数开始*/
{ int i,k;
  float ad;
  k=-1;
  for(i=0;i<m;i++)
    if(free_table[i].length>=xk&&free_table[i].flag==1)
    if(k==-1||free_table[i].length<free_table[k].length)
      k=i;
    if(k==-1)
    { printf("无可用空闲区\n");
      return;
    }
    /*进行最优分配*/
    if(free_table[k].length-xk<=minisize)
    { free_table[k].flag=0;
      ad=free_table[k].address;
      xk=free_table[k].length;
    }
    else
    { free_table[k].length=free_table[k].length-xk;
      ad=free_table[k].address+free_table[k].length;
    }
    /*修改已分配区表*/
    i=0;
    while(used_table[i].flag!=0&&i<n)
    i++;
    if(i>=n)
    { printf("无表目填写已分分区,错误\n");
      if(free_table[k].flag==0)
        free_table[k].flag=1;
```

```
    else
      free_table[k].length=free_table[k].length+xk;
    return;
  }
  else                                    /*修改已分配区表*/
  { used_table[i].address=ad;
    used_table[i].length=xk;
    used_table[i].flag=J;
  }
  return;
  }                                       /*内存分配函数结束*/
  reclaim(char J)                         /*内存回收函数开始*/
  { int i,k,j,s,t,true=1;
    float S,L;                            /*寻找已分配区表中对应项*/
    s=0;
    while((used_table[s].flag!=J||used_table[s].flag==0)&&s<n)
      s++;
    if(s>=n)
    { printf("找不到该作业\n");
      return;
    }
   /*修改已分配区表*/
   used_table[s].flag=0;
   S=used_table[s].address;
   L=used_table[s].length;
   j=-1;k=-1;i=0;
   while(i<m&&(j==-1||k==-1))
   { if(free_table[i].flag==0)
     { if(free_table[i].address+free_table[i].length==S) k=i;
       if(free_table[i].address==S+L) j=i;
     }
     i++;
   }
   if(k!=-1)
    if(j!=-1)
    { free_table[k].length=free_table[j].length+
        free_table[k].length+L;
     free_table[j].flag=0;}
    else
```

```
            free_table[k]. length=free_table[k]. length+L;
        else
          if(j! =-1)
          { free_table[j]. address=S;
            free_table[j]. length=free_table[j]. length+L;
        }
          else
        { t=0;
          while(free_table[t]. flag==1&&t<m)
          t++;
          if(t>=m)
          { printf("内存空闲区表没有空闲,回收空间失败\n");
            used_table[s]. flag=J;
            return;
          }
          free_table[t]. address=S;
          free_table[t]. length=L;
          free_table[t]. flag=1;
      }
    return(true);
  }                                             /*内存回收函数结束*/
  main()                                        /*主函数开始*/
  { int i,a;
    float xk;
    char j;                                     /*空闲区表初始化*/
    free_table[0]. address=10240;
    free_table[0]. length=102400;
    free_table[0]. flag=1;
    for(i=1;i<m;i++)
     free_table[i]. flag=0;                     /*已分配区表初始化*/
    for(i=0;i<n;i++)
     used_table[i]. flag=0;
    while(1)
    { printf("选择功能项(0-退出,1-分配内存,2-回收内存,3-显示内存)\n");
      printf("选择功能项(0~3):");
      scanf("%d",&a);
      switch(a)
      { case 0:
          exit(0);
```

```
        case 1:
         printf("输入作业名 J 和作业所需长度 xk:");
         scanf("%*c%c%f",&J,&xk);
         allocate(J,xk);    /*分配内存空间*/
         break;
        case 2:
         printf("输入要回收分区的作业名\n");
         scanf("%*c%c",&J);
         reclaim(J);      /*回收内存空间*/
         break;
        case 3:
         printf("输出空闲区表:\n起始地址 分区长度 标志\n");
         for(i=0;i<m;i++)
          printf("%5.0f%10.0f%6d\n",free_table[i].address,
          free_table[i].length,free_table[i].flag);
         printf("按任意键,输出已分配区表\n");
         getch();
         printf("输出已分配区表:\n起始地址 分区长度 标志\n");
         for(i=0;i<n;i++)
          if(used_table[i].flag! =0)
            printf("%6.0f%9.0f%6c\n",used_table[i].address,
            used_table[i].length,used_table[i].flag);
          else
            printf("%6.0f%9.0f%6d\n",used_table[i].address,
            used_table[i].length,used_table[i].flag);
            break;
          default:printf("没有该选项\n");
        }
      }
  }              /*主函数结束*/
```

(4) 分析说明给定的程序。该程序设计一个虚拟存储区和内存工作区,并使用最佳淘汰算法(OPT)、先进先出的算法(FIFO)和最近最久未使用算法(LRU)计算访问命中率(命中率=1-页面失效次数/页地址流长度)。

程序说明:在打开文件后,通过 fstat()获得文件长度,然后通过 malloc()系统调用申请响应大小的内存空间,通过 read()将文件内容完全读入该内存空间,并显示出来。首先用 srand( )和 rand( )函数定义和产生指令序列,然后将指令序列变换成相应的页地址流,并针对不同的算法计算出相应的命中率。

① 通过随机数产生一个指令序列，共 320 条指令。指令的地址按下述原则生成：

a. 50％的指令是顺序执行的。

b. 25％的指令是均匀分布在前地址部分。

c. 25％的指令是均匀分布在后地址部分。

具体的实施方法是：

a. 在[0,319]的指令地址之间随机选取一起点 m。

b. 顺序执行一条指令，即执行地址为 m+1 的指令。

c. 在前地址[0,m+1]中随机选取一条指令并执行，该指令的地址为 m'。

d. 顺序执行一条指令，其地址为 m'+1。

e. 在后地址[m'+2,319]中随机选取一条指令并执行。

f. 重复步骤①～⑤，直到 320 次指令。

② 将指令序列变换为页地址流

设页面大小为 1k；用户内存容量 4 页到 32 页；用户虚存容量为 32k。

在用户虚存中，按每 k 存放 10 条指令排列虚存地址，即 320 条指令在虚存中的存放方式为：

第 0～9 条指令为第 0 页(对应虚存地址为[0,9])。

第 10～19 条指令为第 1 页(对应虚存地址为[10,19])。

……

第 310～319 条指令为第 31 页(对应虚存地址为[310,319])。

按以上方式，用户指令可组成 32 页。

给定程序如下：

```
#define TRUE 1
#define FALSE 0
#define INVALID -1
#define NULL 0
#define total_instruction 320                    /*指令流长*/
#define total_vp 32                              /*虚页长*/
#define clear_period 50                          /*清0周期*/
typedef struct                                   /*页面结构*/
{
  int pn,pfn,counter,time;
}pl_type;
pl_type pl[total_vp];                            /*页面结构数组*/
struct pfc_struct                                /*页面控制结构*/
{   int pn,pfn;
```

```
    struct pfc_struct *next;
};
typedef struct pfc_struct pfc_type;
pfc_type pfc[total_vp], *freepf_head, *busypf_head, *busypf_tail;
int diseffect, a[total_instruction];
int page[total_instruction], offset[total_instruction];
int initialize(int);
int FIFO(int);
int LRU(int);
int OPT(int);
int main()
{ int s,i,j;
  srand(10*getpid()); /*用每次运行时进程号作为初始化随机数队列的种子*/
  s=(float)319*rand( )/32767/32767/2+1;
  for(i=0;i<total_instruction;i+=4) /*产生指令队列*/
  {  if(s<0||s>319)
     {  printf("When i==%d,Error,s==%d\n",i,s);
        exit(0);
     }
    a[i]=s;                              /*任选一指令访问点m*/
    a[i+1]=a[i]+1;                       /*顺序执行一条指令*/
    a[i+2]=(float)a[i]*rand( )/32767/32767/2;      /*执行前地址指令m′*/
    a[i+3]=a[i+2]+1;                     /*顺序执行一条指令*/
    s=(float)(318-a[i+2])*rand( )/32767/32767/2+a[i+2]+2;
    if((a[i+2]>318)||(s>319))
     printf("a[%d+2],a number which is :%d and s==%d\n",i,a[i+2],s);
  }
  for (i=0;i<total_instruction;i++)      /*将指令序列变换成页地址流*/
  { page[i]=a[i]/10;
    offset[i]=a[i]%10;
  }
  for(i=4;i<=32;i++)                     /*用户内存工作区从4个页面到32个页面*/
  {  printf("---%2d page frames---\n",i);
     FIFO(i);
     LRU(i);
     OPT(i);
  }
  return 0;
}
```

```
int initialize(total_pf)                  /*初始化相关数据结构*/
int total_pf;                             /*用户进程的内存页面数*/
{  int i;
   diseffect=0;
   for(i=0;i<total_vp;i++)
   {  pl[i].pn=i;
      pl[i].pfn=INVALID;                  /*置页面控制结构中的页号,页面为空*/
      pl[i].counter=0;
      pl[i].time=-1;                      /*页面控制结构中的访问次数为0,时间为-1*/
   }
   for(i=0;i<total_pf-1;i++)
   {  pfc[i].next=&pfc[i+1];
      pfc[i].pfn=i;
   }                                      /*建立pfc[i-1]和pfc[i]之间的链接*/
  pfc[total_pf-1].next=NULL;
  pfc[total_pf-1].pfn=total_pf-1;
   freepf_head=&pfc[0];                   /*空页面队列的头指针为pfc[0]*/
   return 0;
}
int FIFO(total_pf)                        /*先进先出算法*/
int total_pf;                             /*用户进程的内存页面数*/
{  int i,j;
   pfc_type *p;
   initialize(total_pf);                  /*初始化相关页面控制用数据结构*/
   busypf_head=busypf_tail=NULL;          /*忙页面队列头,队列尾链接*/
   for(i=0;i<total_instruction;i++)
   {  if(pl[page[i]].pfn==INVALID)        /*页面失效*/
      {  diseffect+=1;                    /*失效次数*/
         if(freepf_head==NULL)            /*无空闲页面*/
         {  p=busypf_head->next;
            pl[busypf_head->pn].pfn=INVALID;
            freepf_head=busypf_head;      /*释放忙页面队列的第一个页面*/
            freepf_head->next=NULL;
            busypf_head=p;
         }
         p=freepf_head->next;             /*按FIFO方式调新页面入内存页面*/
         freepf_head->next=NULL;
         freepf_head->pn=page[i];
```

```
            pl[page[i]].pfn=freepf_head->pfn;
            if(busypf_tail==NULL)
                busypf_head=busypf_tail=freepf_head;
            else
                {   busypf_tail->next=freepf_head; /* free 页面减少一个 */
                    busypf_tail=freepf_head;
                }
                freepf_head=p;
        }
    }
    printf("FIFO:%6.4f\n",1-(float)diseffect/320);
    return 0;
}
int LRU (total_pf)                              /*最近最久未使用算法*/
int total_pf;
{   int min,minj,i,j,present_time;
    initialize(total_pf);
    present_time=0;
    for(i=0;i<total_instruction;i++)
    {   if(pl[page[i]].pfn==INVALID)            /*页面失效*/
        {   diseffcct++;
            if(freepf_head==NULL)               /*无空闲页面*/
            {   min=32767;
                for(j=0;j<total_vp;j++)         /*找出 time 的最小值*/
                    if(min>pl[j].time&&pl[j].pfn! =INVALID)
                    {   min=pl[j].time;
                        minj=j;
                    }
                freepf_head=&pfc[pl[minj].pfn];     /*腾出一个单元*/
                pl[minj].pfn=INVALID;
                pl[minj].time=-1;
                freepf_head->next=NULL;
            }
            pl[page[i]].pfn=freepf_head->pfn;   /*有空闲页面,改为有效*/
            pl[page[i]].time=present_time;
            freepf_head=freepf_head->next;      /*减少一个 free 页面*/
        }
        else
```

```
            pl[page[i]]. time=present_time;                   /*命中则增加该单元的访问次数*/
          present_time++;
        }
        printf("LRU:%6.4f\n",1-(float)diseffect/320);
        return 0;
    }
    int OPT(total_pf)                                         /*最佳置换算法*/
    int total_pf;
    {   int i,j, max,maxpage,d,dist[total_vp];
        pfc_type *t;
        initialize(total_pf);
        for(i=0;i<total_instruction;i++)
        {   //printf("In OPT for 1,i=%d\n",i); //i=86;i=176;206;250;220,221;192,193,194;
258;274,275,276,277,278;
            if(pl[page[i]]. pfn==INVALID)                     /*页面失效*/
            {   diseffect++;
                if(freepf_head==NULL)                         /*无空闲页面*/
                {   for(j=0;j<total_vp;j++)
                        if(pl[j]. pfn! =INVALID) dist[j]=32767;     /*最大距离*/
                        else dist[j]=0;
                        d=1;
                        for(j=i+1;j<total_instruction;j++)
                        {   if(pl[page[j]]. pfn! =INVALID)
                            dist[page[j]]=d;
                            d++;
                        }
                        max=-1;
                        for(j=0;j<total_vp;j++)
                          if(max<dist[j])
                          {   max=dist[j];
                              maxpage=j;
                          }
                        freepf_head=&pfc[pl[maxpage]. pfn];
                        freepf_head->next=NULL;
                        pl[maxpage]. pfn=INVALID;
                    }
                    pl[page[i]]. pfn=freepf_head->pfn;
                    freepf_head=freepf_head->next;
```

```
        }
    }
    printf("OPT:%6.4f\n",1-(float)diseffect/320);
    return 0;
}
```

11.2.3 实验报告

(1) 实验目的与实验内容。

(2) 实验内容 1、实验内容 2 中的程序功能与运行结果分析。

(3) 对实验内容 3 中成动态分区存储管理方式的内存分配与回收的实现方法和步骤进行分析。

实现思想：首先确定内存空间分配表；然后采用最优适应算法完成内存空间的分配，完成内存空间的回收；最后通过主函数对所作工作进行测试。

(4) 对实验内容 4 中的程序进行分析与思考。

① 试分析 OPT、FIFO、LRU 这三种页面置换算法的命中率，为什么 OPT 算法在执行时会有错误产生？

② 通过请求页式存储管理的几种基本页面置换算法的模拟实现，总结请求页式存储管理中几种页面置换算法的基本思想和实现过程。

第12章　文件系统实验

本章是文件系统实验，主要内容有实验准备、简单文件系统设计实验等。通过对本章内容的学习实践，重点掌握文件控制的基本原理和常用的文件系统调用。学会分析设计并实现一个一级文件系统程序的应用实例，理解文件系统的内部功能及内部实现。

12.1　实验准备

12.1.1　实验预习

(1) 预习第4章4.1相关的文件目录及文件系统调用。

(2) 预习第4章4.2文件管理。

(3) 预习第4章4.3目录操作。

(4) 预习第4章4.4主要文件操作的处理。

12.1.2　实验安排

安排1次实验，2～4学时。

12.2　简单文件系统设计实验

12.2.1　实验目的

(1) 学习和掌握文件控制的基本原理和常用的文件系统调用。

(2) 熟悉文件系统的主要数据结构。

(3) 通过简单文件系统的设计，理解文件系统的内部功能及其内部实现。

(4) 学习较为复杂的Linux系统下的文件系统编程。

12.2.2　实验内容

(1) 设计一个一级(单用户)文件系统程序，实现以下操作：

① 文件创建/删除接口命令create/delete(创建的文件不要求格式和内容)；

② 目录创建/删除接口命令mkdir/rmdir；

③ 显示目录内容命令 ls。

(2) 在以上基础上设计并实现一个二级文件系统

① 具备提供用户登录；

② 文件、目录要有权限。

此项实验内容较为复杂，作为一个综合实践项目，可以放在计算机操作系统课程设计再进行练习。

12.2.3 实验参考

1. 建立文件系统的数据结构

(1) 定义索引结点的数据结构

```
struct inode
{
    struct inode *i_forw;
    struct inode *i_back;
    char i_flag;
    unsigned int i_ino;
    unsigned int i_count;
    unsigned int di_addr[NADDR];
    unsigned short di_number;
    unsigned short di_mode;
    unsigned short di_uid;
    unsigned short di_gid;
    unsigned short di_size;
}
```

(2) 定义超级块的数据结构

```
struct filsys
{
    unsigned short s_isize;
    unsigned long s_fsize;
    unsigned int s_nfree;
    unsigned short s_pfree;
    unsigned int s_free[NICFREE];
    unsigned int s_ninode;
    unsigned short s_pinode;
    unsigned int s_inode[NICINOD];
    unsigned int s_rinode;
```

```
    char s_fmod;
}
```

(3) 定义用户和口令的数据结构

```
struct user
{
    unsigned short u_default_mode;
    unsigned short u_uid;
    unsigned short u_gid;
    unsigned short u_ofile[NOFILE];
};
struct pwd
{
    unsigned short p_uid;
    unsigned short p_gid;
    char password[PWDSIZ];
};
```

(4) 定义有关目录的数据结构

```
struct dinode
{
    unsigned short di_number;
    unsigned short di_mode;
    unsigned short di_uid;
    unsigned short di_gid;
    unsigned long di_size;
    unsigned int di_addr[NADDR];
};
struct direct
{
    char d_name[DIRSIZ];
    unsigned int d_ino;
};
struct dir
{
    struct direct direct[DIRNUM];
    int size;
};
```

2. 程序设计思想

设计一个简单的文件系统，包含了格式化、显示文件（目录）、创建文件、登录等几个简单命令的实现，而且能完成超级块的读写、结点的读写等过程，是一个比真正文件系统简单得很多，而又能基本体现文件系统理论的程序。在超级块的使用上，采用了操作系统关于这方面的经典理论；而在结点的使用上，主要是模仿 Linux 的 EXT2 文件系统。

（1）主函数(main.c)参考程序

```
#include <stdio.h>
#include <malloc.h>
#include <stdlib.h>
#include <string.h>
#include "structure.h"
#include "creat.h"
#include "access.h"
#include "ballfre.h"
#include "close.h"
#include "delete.h"
#include "dir.h"
#include "format.h"
#include "halt.h"
#include "iallfre.h"
#include "install.h"
#include "log.h"
#include "name.h"
#include "open.h"
#include "rdwt.h"
#include "igetput.h"
struct hinode hinode[NHINO];
struct dir dir;
struct file sys_ofile[SYSOPENFILE];
struct filsys filsys;
struct pwd pwd[PWDNUM];
struct user user[USERNUM];
FILE *fd;
struct inode *cur_path_inode;
int user_id;
unsigned short usr_id;
char usr_p[12];
```

```
char sel;
char temp_dir[12];
main()
{
  unsigned short ab_fd1,ab_fd2,ab_fd3,ab_fd4,i,j;
  char * buf;
  int done=1;
  printf("\nDo you want to format the disk(y or n)? \n");
  if(getchar()=='y')
  { printf("\nFormat will erase all context on the disk \n");
    printf("Formating...\n");
    format();
    printf("\nNow will install the fillsystem,please wait...\n");
    install();
    printf("\n————Login————\nPlease input your userid:");
    scanf("%u",&usr_id);
    printf("\nPlease input your password:");
    scanf("%s",&usr_p);
    if(! login(usr_id,usr_p))
     return;
    /* login(2118,"abcd"); */
    while(done)
    {
       printf("\n Please Select Your Operating\n");
       printf(" -1————ls\n -2————mkdir\n -3————change dir\n
       -4————create file\n -0————Logout\n");
       sel=getchar();
       sel=getchar();
       switch(sel)
       {
         case '1':
          _dir();
          break;
         case '2':
          printf("please input dir name:");
          scanf("%s",temp_dir);
          mkdir(temp_dir);
          break;
```

```
            case '3':
             printf("please input dir name:");
             scanf("%s",temp_dir);
             chdir(temp_dir);
             break;
            case '4':
             printf("please input file name:");
             scanf("%s",temp_dir);
             ab_fd1=creat(2118,temp_dir,01777);
             buf=(char *)malloc(BLOCKSIZ*6+5);
             write(ab_fd1,buf,BLOCKSIZ*6+5);
             close(0,ab_fd1);
             free(buf);
             break;
            case '0':
             logout(usr_id);
             halt();
             done = 0;
            default:
             printf("error! \nNo such command,please try again.\n");
             printf("Or you can ask your teacher for help.\n");
             break;
            }
        }
  }
  else
    printf("User canceled\nGood Bye\n");
  }
```

(2) 文件系统的模拟磁盘空间

真正的文件系统，在涉及到文件读写、文件创建等操作时，会用到内外存之间通信的语句。这些与底层硬件有关的编程一方面会给完成实验的人员制造不小的麻烦，另外更为重要的是这些内容并不属于操作系统原理的范畴。

实验要求设计的文件系统使用一个二进制文件来模拟磁盘空间，该“文件系统”的所有用户信息、结点信息、超级块信息、文件信息均以二进制方式保存在文件的特定地方，这个二进制文件的大体数据地址安排如图 12 - 1 所示。

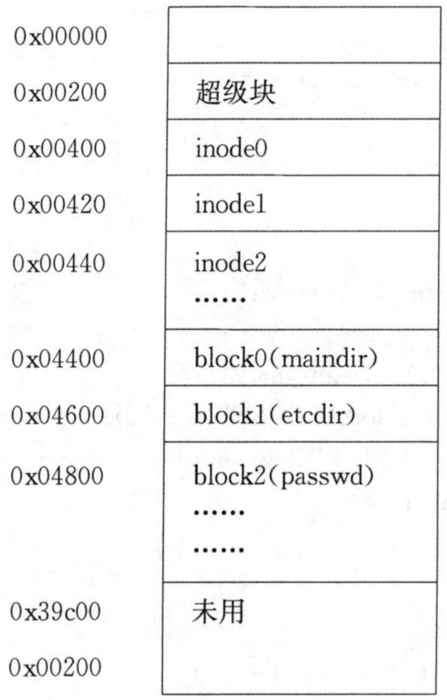

0x00000	
0x00200	超级块
0x00400	inode0
0x00420	inode1
0x00440	inode2 ……
0x04400	block0(maindir)
0x04600	block1(etcdir)
0x04800	block2(passwd) …… ……
0x39c00	未用
0x00200	

图 12-1 数据地址安排

3. 几个重要的算法处理

(1) 数据块的安排

初始化数据块位于 format. h 上面,NICFREE:常量,为每个块组的大小,程序中设为50;FILEBLK:常量,为系统允许最多块数,程序中设为 512。

下面是参考程序源代码:

```
for(i=NICFREE+2;i<FILEBLK;i+=50)
{
  for(j=0;j<NICFREE;j++)
  {
    block_buf[NICFREE-1-j]=i-j;
  }
  fseek(fd,DATASTART+BLOCKSIZ*(i-49),SEEK_SET);
  fwrite(block_buf,1,BLOCKSIZ,fd);
} //当 i=502 之后,完成文件块 502~453 的写入;
//之后文件块 512~503 不能进行,需要特殊处理
for(i=503;i<512;i++)
  block_buf[i-503]=i;
fseek(fd,DATASTART+BLOCKSIZ*503,SEEK_SET);
fwrite(block_buf,1,BLOCKSIZ,fd);//至此,才完成 512 块文件块的定位
```

```
for(i=0;i<NICFREE;i++)
{
  filsys.s_free[i]=i+3 ;//从 DATASTART 的第一个 BLOCK 作为 MAIN DIRECTORY
  //第二个 BLOCK 作为 etc 目录
  //第三个 BLOCK 作为 password 文件
  //故此 i 要加 3
}
//每 50 个 BLOCK 成组,在每个 BLOCK 组当中的第一个 BLOCK(称为地址块)放有整个 BLOCK
//组的地址。filsys.s_free[0]指向该组的地址块,而 filsys.s_free[49]+1
//则指向下一个组的地址块。
```

所有的 512 个数据块被分成若干个块组,每个块组拥有 50 个数据块。每个块组的第一个数据块存放有该块组其他数据块的偏移量,这里使用偏移量来模拟数据在磁盘上的地址。当前使用块组的各个数据块地址存放在全局变量 block_buf[]当中。

(2) 数据块的分配和回收

数据块的分配和回收由位于 ballfre.h 中的代码完成。

① 分配数据块 balloc()

下面是部分的参考程序源代码:

```
for(i=NICFREE+2;i<FILEBLK;i+=50) //为何要加 2,参看 149 行的注释
{
  for(j=0;j<NICFREE;j++)
  {
    block_buf[NICFREE-1-j]=i-j;
  }
  fseek(fd,DATASTART+BLOCKSIZ*(i-49),SEEK_SET);
  fwrite(block_buf,1,BLOCKSIZ,fd);
} //当 i=502 之后,完成文件块 502~453 的写入;
//之后文件块 512~503 不能进行,需要特殊处理
for(i=503;i<512;i++)
  block_buf[i-503]=i;
fseek(fd,DATASTART+BLOCKSIZ*503,SEEK_SET);
fwrite(block_buf,1,BLOCKSIZ,fd); //至此,才完成 512 块文件块的定位
for(i=0;i<NICFREE;i++)
{
  filsys.s_free[i]=i+3; //从 DATASTART 的第一个 BLOCK 作为 MAIN DIRECTORY
  //第二个 BLOCK 作为 etc 目录
  //第三个 BLOCK 作为 password 文件
```

```
    //故此i要加3
  }
  //每50个BLOCK成组，在每个BLOCK组当中的第一个BLOCK(称为地址块)放有整个BLOCK
  //组的地址。这样，filsys.s_free[0]指向该组的地址块，而filsys.s_free[49]+1
  //则指向下一个组的地址块。
  if(filsys.s_nfree==0)
  {
    printf("\nDisk Full!! \n");
    return DISKFULL;
  }
  i=filsys.s_pfree;
  flag=(i==0);
  if(flag) //该BLOCK组全部用了
  { fseek(fd,DATASTART+BLOCKSIZ*(filsys.s_free[NICFREE-1]+1),SEEK_SET);
    //filsys.s_free[NICFREE-1]+1 指向下一个block组的地址块
    fread(block_buf,1,BLOCKSIZ,fd);
    for(i=0;i<NICFREE;i++)
    {
        filsys.s_free[i]=block_buf[i];
      } //将待用block组的地址读入超级块
    filsys.s_pfree=NICFREE-1;
    free_block=filsys.s_free[filsys.s_pfree];
  }
  else
  {
    free_block=filsys.s_free[filsys.s_pfree];
    filsys.s_pfree--;
  }
```

其中filsys.s_nfree便是超级块中指向下一个空闲数据块的指针。

② 回收数据块bfree()

下面是部分参考程序源代码：

```
if(filsys.s_pfree==NICFREE-1)
//表示回收的block已经可以组成一个block组了
{
  for(i=0;i<NICFREE;i++)
  {
    block_buf[i]=filsys.s_free[NICFREE-1-i];
```

```
    }
    filsys. s_pfree=0;
    fseek(fd,DATASTART+BLOCKSIZ * (filsys. s_free[0]),SEEK_SET);
    //filsys. s_free[0]为当前 BLOCK 组的地址块
    fwrite(block_buf,1,BLOCKSIZ,fd);
  }
  else
    filsys. s_pfree++;
```

③ 访问控制 access()

下面是部分参考程序源代码：

```
switch(mode)
{ case READ:
      if(inode->di_mode&ODIREAD) return 1;
      if((inode->di_mode&GDIREAD)&&(user[user_id]. u_gid==inode->di_gid))
        return 1;
      if((inode->di_mode&UDIREAD)&&(user[user_id]. u_uid==inode->di_uid))
        return 1;
      return 0;
  case WRITE: ……
  case EXICUTE: ……
  default: return 1;
```

(3) 文件的相关操作

① 文件创建 create()

下面是部分参考程序源代码：

```
while(i<USERNUM) //user[]的值由函数 login()注册,参看文件 log. h
{   if(user[i]. u_uid==uid)
    {   user_id=i;
        break;
    }
    i++;
}
if(i==USERNUM)
{
  printf("the user id is wrong. \n");
  exit(1);
}
```

```
if(di_ino! =-1) //文件已经存在
{
  inode=iget(di_ino);
  if(access(user_id,inode,mode)==0)
  {  iput(inode);
     printf("\ncreat access not allowed\n");
     return 0;
  }
  else
  {  inode=ialloc();
     di_ith=iname(filename);
     dir.size++;
  }
}
```

② 删除文件 delete()

下面是部分参考程序源代码：

```
delete(char *filename)
{
  unsigned int dinodeid;
  struct inode *inode;
  dinodeid=namei(filename);
  if(dinodeid! =(int)NULL)
    inode=iget(dinodeid);
  inode->di_number--;
  iput(inode);
}
```

③ 读文件 read ()

下面是部分参考程序源代码：

```
inode=sys_ofile[user[user_id].u_ofile[cfd]].f_inode;
if(! (sys_ofile[user[user_id].u_ofile[cfd]].f_flag&FREAD))
{
  printf("\nthe file is not opened for read\n");
  return 0;
}
if((off+size)>inode->di_size) size=inode->di_size-off;
block_off=off%BLOCKSIZ;
```

```
block=off/BLOCKSIZ;
if(block_off+size<BLOCKSIZ)
  for(i=0;i<(int)(size-block_off)/BLOCKSIZ;i++)
  {
    fseek(fd,DATASTART+inode->di_addr[j+i] * BLOCKSIZ,SEEK_SET);
    fread(temp_buf,1,BLOCKSIZ,fd);
    temp_buf+=BLOCKSIZ;
    }
}
```

④ 写操作 write()

下面是部分参考程序源代码：

```
if(! (sys_ofile[user[user_id]. u_ofile[cfd]]. f_flag&FWRITE))
{
  printf("\nthe file is not opened for write\n");
  return 0;
}
if(block_off+size<BLOCKSIZ)
{
  fseek(fd,DATASTART+inode->di_addr[block] * BLOCKSIZ+block_off,
  SEEK_SET);
  fwrite(buf,1,size,fd);
  return size;
}
fseek(fd,DATASTART+inode->di_addr[block] * BLOCKSIZ+block_off,SEEK_SET);
fwrite(temp_buf,1,BLOCKSIZ-block_off,fd);
temp_buf+=BLOCKSIZ-block_off;
for(i=0;i<(int)(size-block_off)/BLOCKSIZ-1;i++)
{
  inode->di_addr[block+1+i]=balloc();
  fseek(fd,DATASTART+inode->di_addr[block+1+i] * BLOCKSIZ,SEEK_SET);
  fwrite(temp_buf,1,BLOCKSIZ,fd);
}
```

⑤ 打开文件 open()

下面是部分参考程序源代码：

```
if(dinodeid! =(int)NULL)
{
```

```
    printf("\nfile does not existed!!! \n");
    return (int)NULL;
  }
  inode=iget(dinodeid);
  if(! access(user_id,inode,openmode))
  {
    printf("\nfile open has not access!!! \n");
    iput(inode);
    return (int)NULL;
  }
  for(i=1;i<SYSOPENFILE;i++)
    if(sys_ofile[i].f_count==0) break;
  if(i==SYSOPENFILE)
  {
    printf("\nsystem open file too much\n");
    iput(inode);
    return (int)NULL;
  }
```

(4) 目录操作

① 浏览目录 dir()

下面是部分参考程序源代码：

```
for(i=0;i<dir.size;i++){if(dir.direct[i].d_ino! =DIEMPTY)
{ printf("%sDIRSIZ",dir.direct[i].d_name);
  temp_inode=iget(dir.direct[i].d_ino);
  di_mode=temp_inode->di_mode;
  if(temp_inode->di_mode&&DIFILE==1)
  {   printf("%ld\n",temp_inode->di_size);
      printf("block chain:");
  }
}
```

② 创建目录 mkdir()

下面是部分参考程序源代码：

```
if(dirid! =-1) //dirid==-1,表示没有该目录名存在
{
  inode=iget(dirid);
  if(inode->di_mode&DIDIR)
```

```
        printf("\n%s directory already existed!! \n");
    else
        printf("\n%s is a file name&can not creat a dir the same name",dirname);
    iput(inode);
    return 0;
}
```

③ 修改目录名字 chdir()

```
if(dirid==-1)
{
    printf("\n%s does not existed\n",dirname);return 0;
}
inode=iget(dirid);
if(! access(user_id,inode,user[user_id]. u_default_mode))
{
    printf("\nhas not access to the directory %s",dirname);
    iput(inode);
    return 0;
}
for(i=0;i<dir. size;i++)
{
    for(j=0;j<DIRNUM;j++)
    {
        temp=dir. direct[j]. d_ino;
        if(dir. direct[j]. d_ino==0||dir. direct[j]. d_ino>MAX) break;
    }
    dir. direct[j]. d_ino=0;
}
```

(5) 用户的登陆与注销操作

① 用户登陆 login()

下面是部分参考程序源代码：

```
for(i=0;i<PWDNUM;i++)
{
    if((uid==pwd[i]. p_uid)&&((strcmp(passwd,pwd[i]. password)==0)))
    {
        j=0;
        while(j<USERNUM)
```

```
        {
          if(user[j]. u_uid==0)
            break;
          else
            j++;
        }
        if(j==USERNUM)
        {
          printf("\ntoo much user in the system,waited to login\n");
          return 0;
        }
        else
        { user[j]. u_uid=uid;
          user[j]. u_gid=pwd[i]. p_gid;
          user[j]. u default mode=DEFAULTMODE;
        }
        break;
      }
    }
```

② 注销用户 logout()

下面是部分参考程序源代码：

```
int i,j,sys_no;
struct inode *inode;
for(i=0;i<USERNUM;i++)
  if(uid==user[i]. u_uid) break;
if(i==USERNUM)
{   printf("\nno such a file\n");
    return (int)NULL;
    }
for(j=0;j<NOFILE;j++)
{
  if(user[i]. u_ofile[j]! =SYSOPENFILE+1){sys_no=user[i]. u_ofile[j];
  inode=sys_ofile[sys_no]. f_inode;iput(inode);
  sys_ofile[sys_no]. f_count--;
}
```

(6) 文件系统的安装和退出

① 安装文件系统 install()

下面是部分参考程序源代码：

```
printf("install\n");
fd=fopen("filesystem","a+b");
if(fd==NULL)
{
  printf("\nfilesys can not be loaded.\n");
  exit(0);
}
fseek(fd,BLOCKSIZ,SEEK_SET);
fread(&filsys,1,sizeof(struct filsys),fd);i=filsys.s_free[49];
for(i=0;i<NHINO;i++)
```

② 退出文件系统 halt()

下面是部分参考程序源代码：

```
  halt()
  { int i,j;
    for(i=0;i<USERNUM;i++)
    {
      if(user[i].u_uid! =0)
      {
       for(j=0;j<NOFILE;j++)
       {
        if(user[i].u_ofile[j]! =SYSOPENFILE+1)
        {
          close(user[i].u_ofile[j]);
          user[i].u_ofile[j]=SYSOPENFILE+1;
        }
       }
      }
    }
  fseek(fd,BLOCKSIZ,SEEK_SET);
  fwrite(&filsys,1,sizeof(struct filsys),fd);
  fclose(fd);
  printf("\nGOOD bye. See You Next Time. Please turn off the switch.\n");exit(0)
}
```

4. 程序说明

实验所提供的代码为 C 语言所编写。该程序模拟文件系统所提供的操作有：login、logout、ls、mkdir、touch 或 create(即创建一个文件)。所提供的功能通过主程序的菜单选择来实现。

(1) 用户说明

代码内已预置了五个用户,其用户 ID 和口令分别为:

用户 ID	口令
2116	don1
2117	don2
2118	abcd
2119	don4
2220	don5

(2) 源文件的简要说明

structure. h 定义了程序中用到的数据结构

create. h 文件创建

dir. h 目录创建,删除,改变当前目录等

log. h 登陆与注销操作

access. h 访问控制

ballfre. h 数据块的分配与回收

close. h 关闭文件

delete. h 删除文件

format. h 初始化数据块

halt. h 退出文件系统

iallfre. h 索引结点的分配与释放

igetput. h 获取或释放 i 结点

install. h 安装

name. h 文件搜索

open. h 打开文件

rdwt. h 读写文件

main. c 主函数

12.2.4 实验报告

(1) 实验目的与实验内容。

(2) 对实验内容中的程序进行分析和思考。

① 主要数据结构;

② 主要函数及其功能;

③ 程序的主要实现步骤。

第13章　设备管理实验

本章是设备管理实验，主要内容有实验准备、设备管理与驱动实验等。通过对本章内容的学习实践，重点掌握Linux系统的设备管理机制，学会分析设计简单的字符设备和块设备驱动程序应用实例，并进行测试，熟练掌握设备驱动的安装与使用方法。

13.1　实验准备

13.1.1　实验预习

(1) 预习第5章5.1设备驱动程序。

(2) 预习第5章5.2设备驱动的功能。

(3) 预习第5章5.3设备驱动的实现。

(4) 预习第5章5.4设备驱动的安装与设备的使用。

13.1.2　实验练习

根据教学计划可安排1次实验，2学时。

13.2　设备管理与驱动实验

13.2.1　实验目的

(1) 了解Linux系统中的设备驱动程序的组成。

(2) 学会设计简单的字符设备和块设备驱动程序并进行测试。

(3) 理解Linux系统的设备管理机制。

(4) 熟悉控制设备工作情况的有关命令、系统调用和文件，学会设备工作情况的观察/控制。

(5) 掌握设备驱动的功能和实现步骤。

(6) 掌握设备驱动的安装与使用方法。

13.2.2 实验内容

1. 编写一个简单的字符设备驱动程序

要求：① 该字符设备包括 scull_open()、scull_write ()、scull_read()、scull _ioctl()和 scull_release()五个基本操作；② 编写一个测试程序对该字符设备驱动程序进行测试。

（1）定义字符设备驱动程序的数据结构

```
struct device_struct
{
  const char *name;
  struct file_operations *chops;
};
static struct device_struct chrdevs[MAX_CHRDEV];
typedef struct Scull_Dev
{
  void **data;
  int quantum;  // the current quantum size
  int qset;     // the current array size
  unsigned long size;
  unsigned int access_key;  // used by sculluid and scullpriv
  unsigned int usage;       // lock the device while using it
  struct Scull_Dev *next;   // next listitem
} scull;
```

（2）建立字符设备的结构

当字符设备注册到内核后，字符设备的名字和相关操作被添加到 device_struct 结构类型的 chrdevs 全局数组中，称 chrdevs 为字符设备的开关表。下面以一个简单的例子说明字符设备驱动程序中字符设备结构的定义（假设设备名为 scull）：

```
 **** file_operation 结构定义如下，即定义 chr 设备的_fops ****
 static int scull_open(struct inode *inode,struct file *filp);
 static int scull_release(struct inode *inode,struct file *filp);
 static ssize_t scull_write(struct inode *inode,struct file *filp,const char *buffer,int count);
 static ssize_t scull_read(struct inode *inode,struct file *filp,char *buffer,int count);
 static int scull_ioctl(struct inode *inode,struct file *filp,unsigned long int cmd,unsigned long
arg);
 struct file_operation chr_fops = {
 NULL,            // seek
 scull_read,      // read
```

```
scull_write,         // write
NULL,                // readdir
NULL,                // poll
scull_ioctl,         // ioctl
NULL,                // mmap
scull_open,          // open
NULL,                // flush
scull_release,       // release
NULL,                // fsync
NULL,                // fasync
NULL,                // check media change
NULL,                // revalidate
NULL                 // lock
};
```

(3) 设计字符设备驱动程序入口点

字符设备驱动程序入口点主要包括初始化字符设备、字符设备的 I/O 调用和中断。在引导系统时，每个设备驱动程序通过其内部的初始化函数 init()对其控制的设备及其自身初始化。字符设备初始化函数为 chr_dev_init()，包含在/linux/drivers/char /mem. c 中，它的主要功能之一是在内核中登记设备驱动程序，具体调用是通过 register_chrdev()函数。

register_chrdev()函数定义如下：

```
#include <linux/fs. h>
#include <linux/errno. h>
int register_chrdev(unsigned int major, const char * name, struct file _operation *
fops);
```

其中：① major 是为设备驱动程序向系统申请的主设备号。如果为 0，则系统为该驱动程序动态地分配一个主设备号；② name 是设备名；③ fops 是前面定义的 file_operation 结构的指针。在登记成功的情况下，如果指定了 major，则 register_chrdev()函数返回值为 0；如果 major 值为 0，则返回内核分配的主设备号。并且 register_chrdev()函数操作成功，设备名就会出现在/proc/devices 文件里；在登记失败的情况下，register_chrdev()函数返回值为负。

初始化部分一般还负责给设备驱动程序申请系统资源，包括内存、中断、时钟、I/O 端口等，这些资源也可以在 open()子程序或别的地方申请。不用这些资源的时候，应该释放它们，以利于资源的共享。

用于字符设备的 I/O 调用主要有：open()、release()、read()、write()和 ioctl()。

open()函数的使用比较简单，当一个设备被进程打开时，open()函数被唤醒：

```
static int scull_open(struct inode *inode,struct file *filp)
{
  ……
  MOD_INC_USE_COUNT;
  return 0;
}
```

应当注意宏 MOD_INC_USE_COUNT 的使用：Linux 内核需要跟踪系统中每个模块的使用信息，以确保设备的安全使用。而 MOD_INC_USE_COUNT 和 MOD_DEC_USE_COUNT 可以检查使用驱动程序的用户数，以保护模块被意外地卸载。

release()函数的使用：与 open()函数相似。

```
static int scull_release(struct inode *inode,struct file *filp)
{
  ……
  MOD_DEC_USE_COUNT;
  return 0;
}
```

当设备文件执行 read()调用时，看起来是从设备中读取数据，实际上是从内核数据队列中读取，并传送给用户空间。设备驱动程序的 write()函数的使用和 read()函数相似，只不过是数据传送的方向发生了变化，即按要求的字节数 count 从用户空间的缓冲区 buf 复制到硬件或内核的缓冲区中。

有时需要获取或改变正在运行的设备的参数，这时就要用到 ioctl()函数：

```
static int scull_ioctl(struct inode *inode,struct file *filp,unsigned long int cmd,unsigned long arg);
```

其中：① cmd 是驱动程序要执行的命令的特殊代码；② arg 是任何类型的 4 字节数，它为特定的 cmd 提供参数。在 Linux 系统中，内核中的每个设备都有其唯一的基本号以及和其基本号相关的命令范围。

具体的 ioctl 基本号可参见 Documentation/ioctl－number。Linux 系统中定义了四种 ioctl()函数调用：

```
_IO(base,command) // 可以定义所需要的命令，没有数据传送的问题，返回正数
_IOR(base,command,size) // 读操作的 ioctl 控制
_IOW(base,command,size) // 写操作的 ioctl 控制
_IOWR(base,command,size) // 读写操作的 ioctl 控制
```

当用到的硬件设备能产生中断信号时，需要中断服务子程序。

(4) 字符设备驱动程序的安装

设备驱动程序编写好后，下一项任务是对它进行编译并装入可引导的内核。对字符设备驱动程序，可以用下面的步骤来完成：

① 将 scull. h 自定义头文件和 scull. c 文件复制到包含字符设备驱动程序源代码的目录 drivers/char 中。

② 在 chr_dev_init()函数的最后增加调用 init_module()子程序的行(chr_dev_ init()函数在 drivers/char/mem. c 中)。

③ 编辑 drivers/char 目录中的 makefile，将 driver. o 的名字放在 OBJS 定义的后面，同时将 driver. c 名字放在 SRCS 定义的后面。

④ 将目录改变到 Linux 源程序目录的最上层，重新建立和安装内核。作为一般性预防措施，当改变内核的代码时，应当将计算机上重要的内容作一次备份。

⑤ 如果用 lilo 引导系统，最好将新内核作为试验项，在 lilo. conf 文件中另加一个 Linux 引导段。

(5) 测试函数的使用

在该字符设备驱动程序编译加载后，再在/dev 目录下创建字符设备文件 chrdev，使用命令：

#mknod /dev/chrdev c major minor

其中：① c 表示 chrdev 是字符设备；② major 是 chrdev 的主设备号。

该字符设备驱动程序编译加载后，可在/proc/devices 文件中获得主设备号，或者使用下面的命令获得主设备号：

#cat /proc/devices | awk "\\$2==\"chrdev\"{ print\\$1}"

2. 编写一个简单的块设备驱动程序

要求：该块设备包括 sbull_open()、sbull_ioctl()和 sbull_release()等基本操作。

由于块设备驱动程序的绝大部分都是与设备无关的，因此内核的开发者通过把大部分相同的代码放在一个头文件<linux/blk. h>中来简化驱动程序的代码。从而每个块设备驱动程序都必须包含这个头文件。

(1) 定义块设备驱动程序的数据结构

```
struct device_struct
{
    const char *name;
    struct file_operations *chops;
};
static struct device_struct blkdevs[MAX_BLKDEV];
struct sbull_dev
{
    void **data;
```

```
    int quantum; // the current quantum size
    int qset; // the current array size
    unsigned long size;
    unsigned int access_key; // used by sbulluid and sbullpriv
    unsigned int usage; // lock the device while using it
    unsigned int new_msg;
    struct sbull_dev * next; // next listitem
};
extern struct sbull_dev * sbull; // device information
```

(2) 建立块设备的结构

当块设备注册到内核后,块设备的名字和相关操作被添加到 device_struct 结构类型的 blkdevs 全局数组中,称 blkdevs 为块设备的开关表。下面以一个简单的例子说明块设备驱动程序中块设备结构的定义(假设设备名为 sbull):

```
 * * * * file_operation 结构定义如下,即定义 sbull 设备的_fops * * * *
struct file_operation blk_fops = {
NULL, // seek
block_read, // 内核函数
block_write, // 内核函数
NULL, // readdir
NULL, // poll
sbull_ioctl, // ioctl
NULL, // mmap
sbull_open, // open
NULL, // flush
sbull_release, // release
block_fsync, // 内核函数
NULL, // fasync
sbull_check_media_change, // check media change
NULL, // revalidate
NULL // lock
};
```

块设备的 fops 是通过缓冲区来和用户程序进行数据交换。从上面结构中可以看出,所有的块驱动程序都调用内核 block_read(),block_write(),block_fsync()函数,因而在块设备驱动程序入口中不包含这些函数,只需包括 ioctl(),open()和 release()函数。

(3) 设计块设备驱动程序入口点

块设备驱动程序入口点主要包括初始化块设备、块设备的 I/O 调用和中断。块设备的

I/O 调用 ioctl()、open()、release()与字符设备类似。

块设备与字符设备最大的不同在于设备的读写操作。块设备使用通用 block_read()和 block_write()函数来进行数据读写。这两个通用函数向请求表中增加读写请求，这样内核可以对请求顺序安排优先级(通过 ll_rw_block())。由于是对内存缓冲区而不是对设备进行操作，因而它们能加快读写请求。如果内存中没有要读入的数据或者没有要写入设备对应的缓冲区，那么就需要真正地执行数据传输操作。这是通过数据结构 blk_dev_struct 中的 request_fn 来完成的(见 include/linux /blkdev. h)。

```
struct blk_dev_struct
{
   void ( * request_fn)(void);
   struct request  * current_request;
   struct request plug;
   struct tq_struct plug_tq;
};
struct request
{
   ……
   kdev_t rq_dev;
   int cmd; // 读或写
   int errors;
   unsigned long sector;
   char  * buffer;
   struct request  * next;
   ……
};
```

对于具体的块设备，函数指针 request_fn 当然是不同的。块设备的读写操作都是由 request()函数完成。所有的读写请求都存储在 request 结构的链表中。request()函数利用 CURRENT 宏检查当前的请求：

#define CURRENT (blk_dev[MAJOR_NR]. current_request)

接下来看一看 sbull_request 的具体使用：

```
void sbull_request(void)
{
   unsigned long offset,total;
   Begin:
   INIT_REQUEST:
```

```
    offset = CURRENT -> sector * sbull_hard;
    total = CURRENT -> current_nr_sectors * sbull_hard;
    // access beyond end of the device
    if(total + offset > sbull_size * 1024)
    {
      // error in request
      end_request(0);
      goto Begin;
    }
    if(CURRENT -> cmd == READ)
    {
      memcpy(CURRENT -> buffer,sbull_storage + offset,total);
    }
    else if(CURRENT -> cmd == WRITE)
    {
      memcpy(sbull_storage + offset,CURRENT -> buffer,total);
    }
    else
    {
      end_request(0);
    }
    // successful
    end_request(1);
    // let INIT_REQUEST return when we are done
    goto Begin;
}
```

request()函数从 INIT_REQUEST 宏命令开始(在 blk. h 中定义),它对请求队列进行检查,保证请求队列中至少有一个请求在等待处理。如果没有请求(即 CURRENT =0),则 INIT_REQUEST 宏命令将使 request()函数返回,任务结束。

假定队列中有不止一个请求,request()函数现在应处理队列中的第一个请求,当处理完请求后,request()函数将调用 end_request()函数。如果成功地完成了读写操作,应该用参数值 1 调用 end_request()函数;如果读写操作不成功,以参数值 0 调用 end_request()函数。如果队列中还有其他设备操作请求,处理完第一个后,将 CURRENT 指针设为指向下一个请求。执行 end_request()函数后,request()函数回到循环的起点,对下一个请求重复上面的处理过程。

块设备的初始化过程要比字符设备复杂,它既需要像字符设备一样在引导内核时完成一定的工作,还需要在内核编译时增加一些内容。块设备驱动程序初始化时,由 init()完成。为了使引导内核时能够调用 init(),需要在 blk_dev_init()函数中增加一行代码:sbull_init()。

块设备驱动程序初始化的工作主要包括:

① 检查硬件是否存在;

② 登记主设备号;

③ 将 fops 结构的指针传递给内核;

④ 利用 register_blkdev()函数对设备进行注册:

```
if(register_blkdev(sbull_MAJOR,"sbull",&sbull_fops))
{
  printk("Registering block device major:%d failed\n",sbull_MAJOR);
  return - EIO;
};
```

⑤ 将 request()函数的地址传递给内核:

```
blk_dev[sbull_MAJOR].request_fn = DEVICE_REQUEST;
```

⑥ 将块设备驱动程序的数据容量传递给缓冲区:

```
#define sbull_HARDS_SIZE 512
#define sbull_BLOCK_SIZE 1024
static int sbull_hard = sbull_HARDS_SIZE;
static int sbull_soft = sbull_BLOCK_SIZE;
hardsect_size[sbull_MAJOR] = &sbull_hard;
blksize_size[sbull_MAJOR] = &sbull_soft;
```

在块设备驱动程序内核编译时,应把下列宏加到 blk.h 文件中:

```
#define MAJOR_NR sbull_MAJOR
#define DEVICE_NAME "sbull"
#define DEVICE_REQUEST sbull_request
#define DEVICE_NR(device) (MINOR(device))
#define DEVICE_ON(device)
#define DEVICE_OFF(device)
```

(4) 相关问题

① 睡眠与唤醒。在 Linux 中,当设备驱动程序向设备发出读写请求后,就进入睡眠状态。

```
void sleep_on(struct wait_queue * * ptr);
void interruptible_sleep_on(struct wait_queue * * ptr);
```

在设备完成请求后需要通知 CPU 时,会向 CPU 发出一个中断请求,然后 CPU 根据中断请求决定调用相应的设备驱动程序。

```
void wake_up(struct wait_queue **ptr);
void wake_up_interruptible(struct wait_queue **ptr);
```

② 缓冲区的使用。块设备驱动程序直接与缓冲区打交道,因而需要用到与缓冲区相关的一些操作。例如,函数 getblk()用于分配缓冲区,breles()用于释放缓冲区等:

```
struct buffer_head *getblk(kdev_t,int block,int size);
void breles(struct buffer_head *buf);
```

3. 观察/控制设备工作情况

(1) 用 stat 命令查看设备特别稳健的 I 结点内容

(2) 用 ls 命令查看设备特别文件(主次设备号)

(3) 查看/proc/devices 文件的内容

4. 设备驱动

(1) 设备驱动的安装

采用下面的命令可以对第 5 章中的 vfifo. c 进行编译:

```
#gcc -c vfifo.c -D_KERNEL_ -DMODULE -O2 -g -Wall
```

如果编译没有出错的话,则将会在当前目录下生成一个 vfifo. o 文件。

(2) 设备的使用

设备安装好之后就可以使用了。可以用 cp、dd 等命令以及输入/输出重定向机制来测试这个驱动程序。为了更清晰地了解程序是如何运行的,可以在适当的位置加入 printk( ),通过它来跟踪程序。另外,还可以用专门的调试工具如 strace 来监视程序使用的系统调用。

例如,可以这样来写 vfifo 设备:

```
#strace ls /dev/vfifo* > /dev/vfifo0
#strace cat /dev/vfifo1
```

13.2.3 实验报告

(1) 实验目的与实验内容。

(2) 对实验内容 1、实验内容 2 进行分析与思考。

① 根据附录 1 中的参考程序画出实验内容 1 中字符设备实现的流程。

② 根据附录 1 中的参考程序画出实验内容 2 中块设备实现的流程。

(3) 对实验内容 3、实验内容 4 进行分析与思考。

① 设备工作的观察/控制情况;

② 设备驱动的功能;

③ 设备驱动的实现步骤;

④ 设备驱动的安装与使用方法。

第14章　用户接口实验

本章是用户接口实验，主要内容有实验准备、Shell和系统调用实验等。通过对本章内容的学习实践，重点掌握控制台命令接口和系统调用的实现，学会简单的Shell编程和创建系统调用的方法。通过分析有关应用实例，深刻理解操作系统调用的运行机制。

14.1　实验准备

14.1.1　实验预习

(1) 预习第6章6.1控制台命令接口。

(2) 预习第6章6.2系统调用。

14.1.2　实验练习

安排1次实验，2学时。

14.2　Shell与系统调用实验

14.2.1　实验目的

(1) 理解面向操作命令的接口Shell。

(2) 学会简单的Shell编程。

(3) 理解Linux系统调用的运行机制。

(4) 掌握创建系统调用的方法。

14.2.2　实验内容

1. 查看Bash版本。

在Shell提示符下输入：

```
$echo $BASH_VERSION
```

2. 编写Bash脚本，统计/my目录下c语言文件的个数。

通过Bash脚本，可以有多种方式实现这个功能，而使用函数是其中的一个选择。在使用函数之前，必须先定义函数。首先进入自己的工作目录，用 vi 编写名为 count 的文件。

cd /home/student　＃在 home/student 目录下编程

vi count

下面是脚本程序：

```
#! /bin/bash
function count
{
  echo - n "Number of matches for $1:" #接受程序的第一个参数
  ls $1|wc - l #对子程序的第一个参数所在的目录进行操作
}
```

将 count 文件复制到当前目录下，然后在当前目录下建立文件夹 my

$ cp /home/student/count

$ mkdir my

$ cd my

vi1. c ＃在 my 目录下建立几个 c 文件，以便用来程序测试

……

$ cd ..

$ chmod +x count

$ count ./my/ *.c

3. 分析下列程序的功能，并分析程序运行的可能结果。

```
# include <stdio.h>
int main()
{
  int iuid;
  iuid=fork();
  if(iuid==0)
    for(;;)
    {  printf("this is parent.\n");
        sleep(1);
    }
  if(iuid>0)
    for(;;)
    {  printf("this is child.\n");
      sleep(1);
    }
```

```
  if(iuid<0)
      printf("can not using system call.\n");
  return 0;
}
```

4. 分析下列程序的功能，并写出程序的运行结果。

```
#include <stdio.h>
#include <linux/unistd.h>
_syscall1(char *,foo,int,ret)
main()
{  int i,j;
   i=100;
   j=0;
   j=foo(i);
   printf("This is the result of new kernel\n");
   printf("%d",j);
}
```

编译程序：

gcc - o - I /usr/src/linux－2.4.2/include test.c

注意：由于需要引入内核头文件 unistd.h，不能简单地用普通的编译命令，而应该这样设置参数。

运行测试程序：

./xh.out

说明：当函数没有定义在内核中的时候，如果运行以上程序，系统将显示一个未定义的值 －1；而在内核中定义了以后，运行该程序，系统将显示 100，说明内核添加系统调用已经成功。

5. 完善创建系统调用 mycall()的程序，实现功能：打印字串到屏幕上。

① 编写系统调用相应函数

在/usr/src/linux/kernel/sys.c 文件中添加如下代码：

```
asmlinkage void mycall(char * str)
{
   printk("%s\n",str);
}
```

② 添加系统调用号

打开文件/usr/src/linux/include/asm－i386/unistd.h，添加如下一行：

include _NR_mycall 223 //因为_NR_foo 是 222,所以这个只能用 223 了

③ 改动系统调用表

打开文件：

/usr/src/linux/arch/i386/kernel/entry. s,在“. long SYMBOL_NAME(sys_foo)”下面添加一行：

. long SYMBOL_NAME(sys_mycall)

④ 重新编译内核

对重新编译内核和使用新内核引导熟悉的读者,可以跳过第四步和第五步。以 root 身份登录。进入目录/usr/src/linux,重建内核：

[root@linuxserver root]# make menuconfig //配置新内核

[root@linuxserver root]# make dep //创建新内核

[root@linuxserver root]# make modules_install //加入模块

[root@linuxserver root]# make clean //清除多余创建的文件

[root@linuxserver root]# make bzImage //生成可执行内核引导文件

编译完毕之后,新的内核引导文件在目录/usr/src/linux/arch/i386/boot/中,名称为 bzImage,把它复制到/boot 目录中：

[root@linuxserver root]# cp /usr/src/linux/arch/i386/boot/bzImage /boot/

⑤ 用新的内核引导

这需要修改文件/etc/lilo. conf,先打开该文件,参见前面进行修改。

修改完成后,存盘退出,运行命令：

[root@linuxserver root]# /sbin/lilo

⑥ 重新启动系统

6. 编程调用自己创建的系统调用。

系统调用 mycall()是读者自己创建的,读者自己对该系统调用的参数表应该非常熟悉。然而使用这个系统调用还需要注意:系统调用转换宏。这个转换宏是将系统调用命令转换为对应参数的 INT 80 中断请求,一般的格式是 syscalN(),这个 N 可以为 0～6,对应于系统调用参数的个数,本处 N=1。下面是一个简单的源代码 test1. c：

```
#include <linux/unistd.h>
_syscall1(char *,mycall,int,ret)
int main()
{
   char *str;
   char string[50];
   str=string;
```

```
    str="this string will be displayed. ";
    mycall(str);
    return 0;
}
```

14.2.3 实验报告

1. 实验目的与实验内容。
2. 实验内容3中的程序功能与结果分析。
3. 实验内容4中的程序功能与结果分析。
4. 完善实验内容5中的创建系统调用程序。

第 15 章　综合实验

本章是综合实验，主要内容有实验准备、内核模块的编写和运行实验等。通过对本章内容的学习实践，重点掌握模块的编写，学会将编写的模块作为 Linux 内核空间的扩展来执行，并可以实现手工加载和手工卸载。通过学习内核模块的编写和运行，理解模块是 Linux 系统一种特有的机制，可根据用户的实际情况，在不需要对内核进行重新编译的情况下，模块能在内核中被动态地加载和卸载。

15.1　实验准备

15.1.1　实验预习

(1) 预习第 7 章 7.1 模块的概念及组织结构。
(2) 预习第 7 章 7.2 模块的编译。
(3) 预习第 7 章 7.3 模块的加载与卸载。

15.1.2　实验练习

根据教学计划可安排 1 次实验，2 学时。

15.2　内核模块实验

15.2.1　实验目的

(1) 体会用户空间和系统空间。
(2) 理解操作系统“宏内核”组织方式。
(3) 学习模块的加载与卸载操作。
(4) 通过学习内核模块的编写和运行，了解模块是 Linux 系统一种特有的机制，模块能在内核中被动态地加载和卸载。
(5) 通过模块的编写，扩展内核空间，并实现手工加载和卸载。

15.2.2　实验内容

1. 建立一个简单的内核模块

(1) 必要的 header 文件

除了原有的头文件＃include <linux/kernel. h>和＃include <linux/module. h>，如果内核打开了版本检查，那么还必须增加头文件＃include <linux/modversions. h>，否则就会出错。

(2) init_module()函数

由于实验的要求不高，因此可以在该函数里只完成一个打印功能，例如：

printk("Hello! This is a testing module! \n")；为便于检查模块是否加载成功，可以给一个返回值，如 return 0；若返回一个非 0 值，则表示 init_module()失败，从而不能加载模块。

(3) cleanup_module()函数

只需要使用一条打印语句就可以取消 init_module()函数所做的打印功能操作，如：printk("Sorry! The testing module is unloaded now! \n")；

(4) 模块的编写

此处把该模块文件取名为：testmodule. c

```
#include <linux/kernel. h>      // 在内核模块中共享
#include <linux/module. h>      // 一个模块
//处理 CONFIG_MODVERSIONS
#if CONFIG_MODVERSIONS == 1
#define MODVERSIONS
#include <linux/modversions. h>
#endif
int init_module()          //初始化模块
{   printk("Hello! This is a testing module! \n");
    return 0;
}
void cleanup_module()      //取消 init_module()函数所做的打印功能操作
{   printk("Sorry! The testing module is unloading now! \n"); }
```

(5) 模块的编译、加载和卸载

① 模块的编译

[root@linux/]＃ gcc - O2 - Wall - DMODULE - D_KERNEL_ -c testmodule. c

[root@linux/]＃ ls - s //在当前目录下查看生成的目标文件：testmodule. o

② 模块的加载

[root@linux/]# insmod - f testmodule. o

如果加载成功,则在 /proc/modules 文件中就可看到模块 testmodule,并可看到它的主设备号,同时在终端显示:

Hello! This is a testing module!

③ 模块的卸载

[root@linux /]# rmmod testmodule

如果卸载成功,则在/proc/devices 文件中就可以看到模块 testmodule 已经不存在了,同时在终端显示:

Sorry! The testing module is unloading now!

2. 模块加载前后的比较

(1) 在用户模式下体验越级调用产生的后果

寄存器 cr3 存放着当前进程的"页表目录结构"的地址,这个值是在进程被唤醒的时候放入的。对它的读操作必须在内核空间中进行,否则将出现错误,本实验就是向读者展示这个错误。编写如下程序:

```
#include <stdio.h>      //用户空间的标准输入输出头文件
void GetCr3()
{
  int iValue;
  _asm_ _volatile_("movl %%cr3,%0":"=r" (a));
  printf("the value in cr3 is: %d",a); //用户空间的标准输出函数
}
int main()
{
  GetCr3();
  Return 0;
}
```

对以上文件进行编译和链接,以观察结果。

注意:有些底层的操作,需要在 C 语言中嵌入汇编语言。在 Linux 系统中使用的是 AT&T 格式的汇编。

(2) 采用该模块程序实现上一实验中没有实现的功能

对寄存器 cr3 的访问,必须在内核空间中完成,在用户程序中被禁止。而采用加载模块程序的方式就可以做到这一点。

下面是程序源代码:文件名 GetCr3. c。此外最好先建立一个目录。

```
#include <linux/module.h>
int init_module()
{
  int iValue;
  _asm_ _volatile_ ("movl %%cr3,%0":"=r" (iValue));
  printf("cr3:%d",iValue);
  return 0;
}
void cleanup_module(void)
{
  printk("uninstall getcr3! \n");
}
```

编写 Makefile 文件如下：

```
DFLAGS=-D_KERNEL_-DMODULE
CFLAGS=-O2 - g - Wall - Wstrict-prototypes - pipe - l/user/include/linux/
GetCr3.o: GetCr3.c
gcc - c GetCr3.c $(DFLAGS) $(CFLAGS) - o GetCr3.o
clean:
rm - f *.o
```

make 就可以得到相应的目标文件了，然后在 GetCr3.o 所在的目录下键入加载命令：

[root@linuxserver root]# /sbin/insmod GetCr3.o

可以看到输出结果：

Cr3:234320012　　//这个数值有可能不一样

而卸载时运行：

[root@linuxserver root]# /sbin/rmmod GetCr3

就可以看到模块程序退出时的输出：

Uninstall GetCr3!

3. 向模块中添加新函数

向 testmodule 模块中添加新函数 open()、release()、write()和 read()。

(1) 添加函数 open( )

```
int open(struct inode *inode,struct file *filp)
{  MOD_INC_USE_COUNT;     //增加该模块的用户数目
   printk("This module is in open! \n");
   return 0;
}
```

(2) 添加函数 release( )

```
void release(struct inode *inode,struct file *filp)
{   MOD_DEC_USE_COUNT;        //该模块的用户数目减 1
    printk("This module is in release! \n");
    return 0;
    #ifdef DEBUG
        printk("release(%p,%p)\n",inode,filp);
    #endif
}
```

(3) 添加函数 read()

```
int read(struct inode *inode,struct file *filp,char *buf,int count)
{   int leave;
    if(verify_area(VERIFY_WRITE,buf,count) == DEFAULT)
     return DEFAULT;
    for(leave=count;leave>0;leave --)
    {   _put_user(1,buf,1);
        buf ++;
  }
return count;
}
```

(4) 添加函数 write()

```
int write(struct inode *inode,struct file *filp,const char *buf,int count)
{
   return count;
}
```

4. 模块的测试

在该模块程序编译加载后,再在/dev 目录下创建模块设备文件 moduledev,使用命令:

#mknod /dev/moduledev c major minor

其中:① c 表示 moduledev 是字符设备;② major 是 moduledev 的主设备号。该字符设备驱动程序编译加载后,可在/proc/modules 文件中获得主设备号,或者使用命令:

[root@linux /]#cat /proc/modules | awk "\\$2==\" moduledev\"{ print\\$1}" 获得主设备号)

使用如下程序可对加载模块进行测试:

```
#include <stdio.h>
#include <sys/types.h>
#include <sys/stat.h>
#include <fcntl.h>
main ( )
{  int i,testmoduledev;
   char buf[10];
   testmoduledev=open("/dev/moduledev",O_RDWR);
   if(testmoduledev == -1)
   {
      printf("Can't open the file! \n");
      exit(0);
    }
    read(testmoduledev,buf,10);
    for(i=0;i<10;i++)
    printf("%d\n",buf[i]);
    close(testmoduledev);
    return 0;
}
```

15.2.3　实验报告

(1) 实验目的与实验内容。

(2) 对实验内容进行分析与思考。

① 内核模块的建立方法；

② 比较模块加载前后的情况；

③ 向模块添加函数的方法；

④ 模块的测试方法。

第三篇　计算机操作系统课程设计

在学习完《计算机操作系统》课程后，为了让学生更好地掌握操作系统的原理及实现方法，加深对操作系统基础理论和重要算法的理解，加强学生的动手能力，有必要以课程设计的方式对学生进行进一步的综合训练。这一篇就计算机操作系统中的典型算法问题，设计了五个课题，要求学生通过C语言编程来模拟实现相关算法。

第16章　进程调度与死锁算法的模拟实现

本章是进程调度与死锁算法的模拟实现，主要内容有进程调度算法的模拟实现、生产者-消费者问题的模拟实现、银行家算法的模拟实现等。通过对本章内容的学习实践，学会设计进程调度算法的模拟实现、生产者-消费者问题的模拟实现、银行家算法的模拟实现。通过课程设计，深刻理解进程调度的实质和避免死锁的算法实现方法。

16.1　进程调度算法的模拟实现

16.1.1　设计目的

在多道程序和多任务系统中，系统内同时处于就绪状态的进程可能有若干个，也就是说能运行的进程数大于处理机个数。为了使系统中的进程能有条不紊地工作，必须选用某种调度策略，选择一进程占用处理机。要求学生设计一个模拟处理机调度算法，以巩固和加深处理机调度的概念。

16.1.2　设计要求

(1) 至少有四种作业调度算法；

(2) 能根据不同的调度算法算出每个作业的周转时间和带权周转时间，并通过一组作业算出系统的平均周转时间和平均带权周转时间，比较各种算法的优缺点；

(3) 设计一个实用的用户界面，以便选择不同的作业调度算法。

16.1.3　设计思想

首先开辟一个链表空间存放输入的原始作业的数据(如,用 HEAD 表示);然后设计的四种算法分别开辟四个链表空间,以实现不改变输入作业的原始数据就可以同时进行四种算法的调用,以对比四种算法的优劣性,可以同时打印出所有算法在同一组作业时的平均周转时间和平均带权周转时间。

函数调用关系如图 16-1 所示。

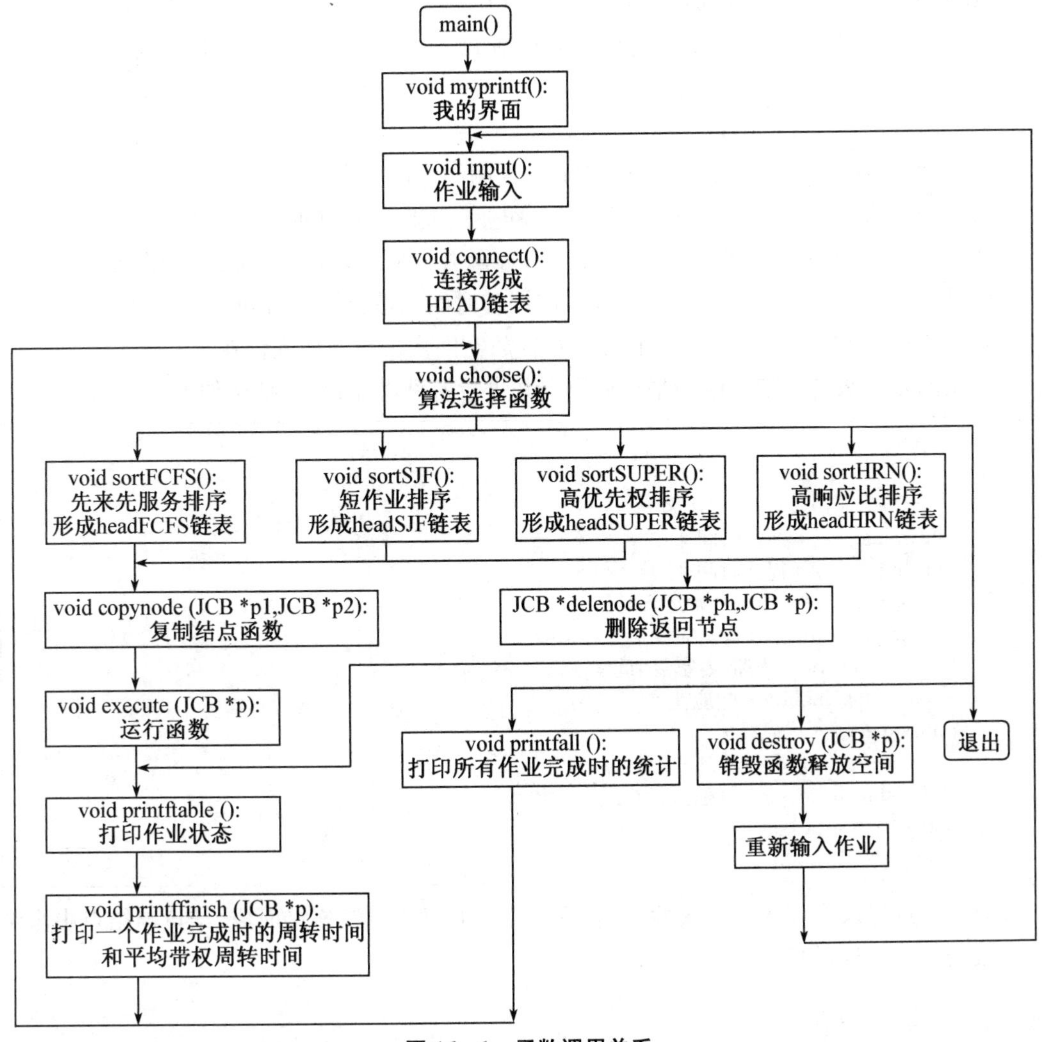

图 16-1　函数调用关系

设计中所包括的函数有：

void input()；//输入生成 HEAD 链表函数，用于存放输入作业的所有信息

void connect()； //连接结点函数

void myprintf()； //打印我的界面

void printftable()； //打印作业状态

void sortFCFS()； //先来先服务复制 HEAD 并形成先来先服务的 headFCFS 链表

void sortSJF()；//短作业优先复制 HEAD 并形成短作业优先链表 headSJF

void sortHRN()； //高响应比函数，包括了执行

void sortSUPER()； //高优先权函数复制 HEAD 形成 headSUPER 链表

void choose()； //功能及算法选择函数

void execute(JCB *p)； //执行函数

void copynode(JCB *p1,JCB *p2)；//复制结点函数

void printffinish(JCB *p)；//打印一个作业完成时的周转时间等统计

JCB *delenode(JCB *ph,JCB *p)；//删除并返回结点，用于高响应比算法

void printfall()；//打印用过四种算法的周转时间和带权周转时间

void destroy(JCB *p)； //销毁函数，释放空间实现重新输入作业

采用的是带头结点的单链表来存放数据并进行各种操作，结点结构如下：

```
struct jcb
{
    char name[10];   /*作业名*/
    int ntime;   /*所需时间*/
    int htime;   /*提交时间*/
    int starttime;/*作业开始运行时刻*/
    int zhouzhuan;   /*周转时间*/
    float daiquan;   /*带权周转时间*/
    float xiangyingbi;/*响应比*/
    int super; /*优先级*/
    int flat;  /*是否被复制的标志位*/
    char states;  /*作业状态,运行或者等待*/
    struct jcb* next;
}*ready=NULL;
```

每个结点存放作业的所有属性数据，所有结点通过头指针连接而成，结点与结点中由结点自带的指针相连，便于查找和遍历。

16.1.4 各模块算法流程

(1) 先来先服务算法：直接复制首个作业的链表 HEAD 作为先来先服务的链表(因为

首个原始输入作业的链表就是按输入顺序进行链接形成的)。

(2) 短作业优先算法：每次查找所有 HEAD 的结点，并将结点中最小作业所需运行时间的结点复制并连接到短作业优先链表的最后结点中。每复制一个结点，结点的是否被复制位置。共复制 HEAD 链表长度的 LENGTH 次，就复制完毕。这样形成的最短作业优先链表就刚刚好是按作业所需运行时间按从小到大的顺序排列的了。

(3) 响应比优先算法：首先是将 HEAD 整个链表复制过来形成高响应比链表，然后每执行一次就算出正在执行作业以后所有结点的响应比，查找出响应比最高的那个结点，将响应比最高的结点插入到正在执行作业的后面。这样执行下一个结点时，必定是未执行所有结点中响应比最高的结点。

(4) 高优先权优先算法：其中的操作和短作业优先差不多。因为作业在输入时已经有了作业时间和优先权，高优先权算法是查找 HEAD 中最高优先权的结点进行复制。

短作业优先的流程如图 16-2 所示。

其他算法流程图类似。

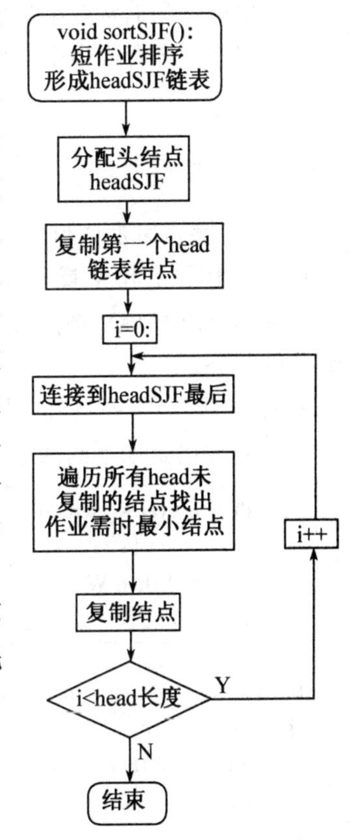

图 16-2　短作业优先的流程图

16.2　生产者-消费者问题的模拟实现

16.2.1　设计目的

进程是程序在一个数据集合上运行的过程，进程是并发执行的，也即系统中的多个进程轮流地占用处理器运行。把若干个进程都能进行访问和修改的那些变量称为公共变量。由于进程是并发地执行的，所以，如果对进程访问公共变量不加限制，那么就会产生“与时间有关”的错误，即进程执行后所得到的结果与访问公共变量的时间有关。为了防止这类错误，系统必须要用同步机构来控制进程对公共变量的访问。一般说，同步机构是由若干条原语(同步原语)所组成。本设计要求学生模拟进程的并发执行和 PV 操作同步机构的实现，且用 P、V 操作解决生产者—消费者问题，了解进程并发执行时同步机构的作用。

16.2.2　设计要求

(1) 每个生产者和消费者对有界缓冲区进行操作后，即时显示有界缓冲区的全部内容，当前指针位置和生产者/消费者进程标识符；

(2) 生产者和消费者至少各有两个以上；

(3) 多个生产者或多个消费者之间须有对缓冲区进行共享操作的函数代码(注意互斥与同步)。

16.2.3 设计原理

1. P、V 操作同步机构

由 P 操作原语和 V 操作原语组成，它们的定义如下：

P 操作原语 P (s)：将信号量 s 减去 1，若结果小于 0，则执行原语的进程被置成等待信号量 s 的状态。

V 操作原语 V (s)：将信号量 s 加 1，若结果不大于 0，则释放一个等待信号量 s 的进程。

这两条原语是如下的两个过程：

```
procedure p (var s: semaphore);
begin   s: =s−1;
        if s<0 then W (s)
end {p}
```

```
procedure v (var s: semaphore);
egin   s: =s+1;
       if s≤(0 then R (s)
end {v}
```

其中 W(s)表示将调用过程的进程置为等待信号量 s 的状态；R(s)表示释放一个等待信号量 s 的进程。

在系统初始化时应把 semaphore 定义为某个类型，为简单起见，在模拟实习中可把上述的 semaphore 直接改成 integer。

2. 生产者—消费者问题

假定有一个生产者和一个消费者，生产者每次生产一件产品，并把生产的产品存入共享缓冲器以供消费者取走使用。消费者每次从缓冲器内取出一件产品去消费。禁止生产者将产品放入已满的缓冲器内，禁止消费者从空缓冲器内取产品。假定缓冲器内可同时存放 10 件产品。那么，用 PV 操作来实现生产者和消费者之间的同步，生产者和消费者两个进程的程序如下：

```
B: array [0..9] of products;
s1, s2; semaphore;
s1: =10, s2: =0;
in, out: integer;
```

```
in: =0; out: =0;
cobegin
    procedure producer;
    c: products;
    begin
L1:
    Produce (c);
    P (s1);
    B[in]: =C;
    in: =(in+1)mod 10;
    V (s2);
    goto L1
    end;
    procedure consumer;
    x: products;
    begin
L2:     p (s2);
        x: =B[out];
        out: =(out+1) mod10;
        v (s1);
        consume (x);
        goto L2
    end;
coend.
```

其中的 semaphore 和 products 是预先定义的两个类型，在模拟实现中 semaphore 用 integer 代替，products 可用 integer 或 char 等代替。

3. 进程控制块 PCB

为了记录进程执行时的情况，以及进程让出处理器后的状态，断点等信息，每个进程都有一个进程控制块 PCB。在模拟实习中，假设进程控制块的结构如图 16 - 3 所示。其中进程的状态有：运行态、就绪态、等待态和完成态。当进程处于等待态时，在进程控制块 PCB 中要说明进程等待原因（在模拟设计中进程等待原因是为等待信号量 s1 或 s2）；当进程处于等待态或就绪态时，PCB 中保留了断点信息，一旦进程再度占有处理器则就从断点位置继续运行；当进程处于完成状态，表示进程执行结束。

进程名
状态
等待原因
断点

图 16 - 3　进程控制块结构

4. 处理器的模拟

计算机硬件提供了一组机器指令，处理器的主要职责是解释执行机器指令。为了模拟生产者和消费者进程的并发执行，我们必须模拟一组指令和处理职能。

模拟的一组指令见表16-1所示，其中每条指令的功能由一个过程来实现。用变量PC来模拟"指令计数器"，假设模拟的指令长度为1，每执行一条模拟指令后，PC加1，提出下一条指令地址。使用模拟的指令，可把生产者和消费者进程的程序表示为表16-2所示的形式。

表16-1　模拟的处理器指令

模拟的指令	功　能
p (s)	执行P操作原语
v (s)	执行V操作原语
put	B[in]:=product; in:= (in+1) mod 10
GET	x:=B[out]; out:=(out+1) mod 10
produce	输入一个字符放入C中
consume	打印或显示x中的字符
GOTO L	PC: =L
NOP	空操作

表16-2　生产者和消费者程序

序号	生产者程序	消费者程序
0	produce	p (s_2)
1	p (s_1)	GET
2	PUT	v (s_1)
3	v (s_2)	consume
4	goto 0	goto 0

定义两个一维数组PA[0..4]和SA[0..4]，每个PA[i]存放生产者程序中的一条模拟指令执行的入口地址；每个SA[i]存放消费者程序中的一条模拟指令执行的入口地址。于是模拟处理器执行一条指令的过程为：取出PC之值，按PA[PC]或SA[PC]得模拟指令执行的入口地址，将PC之值加1，转向由入口地址确定的相应的过程执行。

16.2.4　设计代码

程序由三部分组成：初始化程序、处理器调度程序、模拟处理器指令执行程序。

16.3 银行家算法的模拟实现

16.3.1 设计目的

(1) 进一步了解进程的并发执行。

(2) 加强对进程死锁的理解。

(3) 用银行家算法完成死锁检测。

16.3.2 设计内容

给出进程需求矩阵C、资源向量R以及一个进程的申请序列。使用进程启动拒绝和资源分配拒绝(银行家算法)模拟该进程组的执行情况。

16.3.3 设计要求

(1) 初始状态没有进程启动;

(2) 计算每次进程申请是否分配,如:计算出预分配后的状态情况(安全状态、不安全状态),如果是安全状态,输出安全序列;

(3) 每次进程申请被允许后,输出资源分配矩阵A和可用资源向量V;

(4) 每次申请情况应可单步查看,如:输入一个空格,继续下个申请。

16.3.4 算法原理

1. 银行家算法中的数据结构

(1) 可利用资源向量Available,这是一个含有m个元素的数组,其中的每个元素代表一类可利用资源的数目,其初始值是系统中所配置的该类全部可利用资源的数目,其数值随该类资源的分配和回收而动态改变。如果Available[j]=K,则表示系统中现有Rj类资源K个。

(2) 最大需求矩阵Max,这是一个n×m的矩阵,它定义了系统中n个进程中的每一个进程对m类资源的最大需求。如果Max[i,j]=K,则表示进程i需要Rj类资源的最大数目为K。

(3) 分配矩阵Allocation。这也是一个n×m的矩阵,它定义了系统中每一类资源当前已分配给每一进程的资源数。如果Allocation[i,j]=K,则表示进程i当前已经分得Rj类资源的数目为K。

(4) 需求矩阵Need。这也是一个n×m的矩阵,用以表示每个进程尚需要的各类资源数。如果Need[i,j]=K,则表示进程i还需要Rj类资源K个,方能完成其任务。上述三个矩阵间存在一下关系:

Need[i,j]= Max[i−j]−Allocation[i,j]

2. 银行家算法应用

模拟实现 Dijkstra 的银行家算法以避免死锁的出现，分两部分组成：一是银行家算法(扫描)；二是安全性算法。

(1) 银行家算法(扫描)

设 Requesti 是进程 Pi 的请求向量，如果 Requesti[j]=K，表示进程 Pi 需要 K 个 Ri 类型的资源。当 Pi 发出资源请求后，系统按下述步骤进行检查：

① 如果 Requesti[j]<= Need[i,j]，便转向步骤②；否则认为出错，因为它所需的资源数已经超过了它所宣布的最大值。

② 如果 Requesti[j]<= Available[j]，便转向步骤③；否则表示尚无足够资源，Pi 需等待。

③ 系统试探着把资源分配给进程 Pi，并修改下面数据结构中的数值。

Available[j]=Available-Requesti[j]；

Allocation[i,j]=Allocation[i,j]+Requesti[j]；

Need[i,j]=Need[i,j]-Request[j]；

④ 系统执行安全性算法，检查此次资源分配后，系统是否处于安全状态。若安全，才正式将资源分配给进程 Pi，以完成本次分配；否则，将本次的试探分配作废，恢复原来资源的分配状态，让进程 Pi 等待。

(2) 安全性算法

系统所执行的安全性算法可描述如下：

① 设置两个向量：一个是工作向量 Work；它表示系统可提供给进程继续运行所需要的各类资源的数目，它含有 m 个元素，在执行安全性算法开始时，work=Available；另一个是 Finish：它表示系统是否有足够的资源分配给进程，使之运行完成。开始时先做 Finish[i]=false；当有足够资源分配给进程时，再令 Finish[i]=true；

② 从进程集合中找到一个能满足下述条件的进程：

一是 Finish[i]==false；二是 Need[i,j]<=Work[j]；若找到，执行步骤③，否则，执行步骤④；

③ 当进程 Pi 获得资源后，可顺利执行，直至完成，并释放出分配给它的资源，故应执行：

Work[j]=Work[j]+Allocation[i,j]；

Finish[i]=true；

go to step②；

④ 如果所有进程的 Finish[i]==true 都满足，则表示系统处于安全状态，否则系统处于不安全状态。

16.3.5 设计思路

(1) 进程一开始向系统提出最大需求量；

(2) 进程每次提出新的需求(分期贷款)都统计是否超出它事先提出的最大需求量；

(3) 若正常，则判断该进程所需剩余量(包括本次申请)是否超出系统所掌握的剩余资源量，若不超出，则分配，否则等待。

银行家算法流程如图16-4所示。

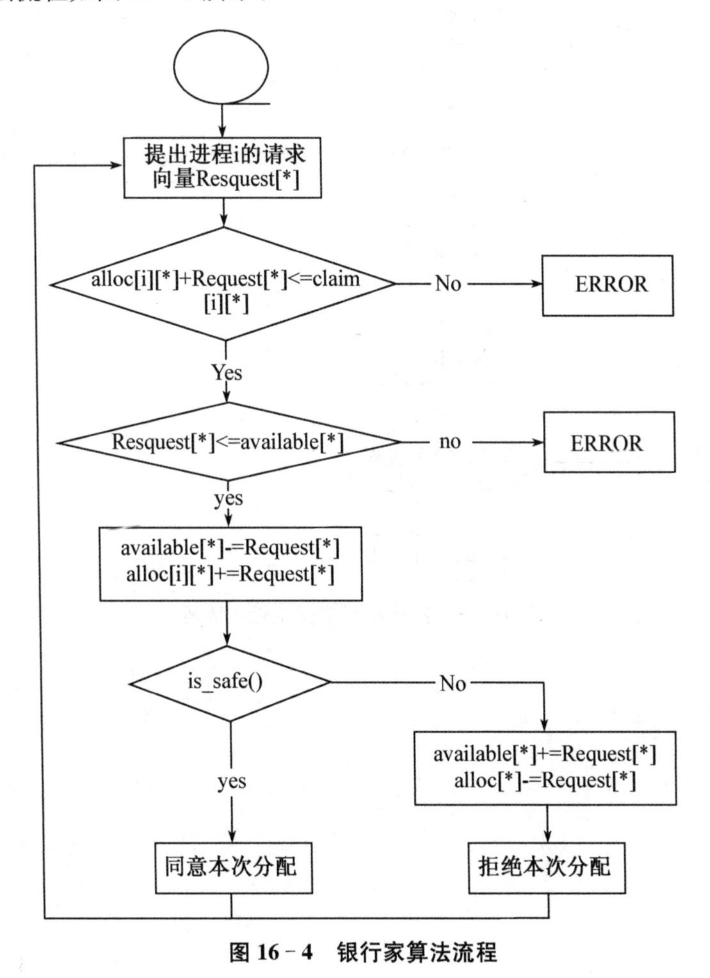

图16-4 银行家算法流程

银行家算法安全检测流程如图 16－5 所示。

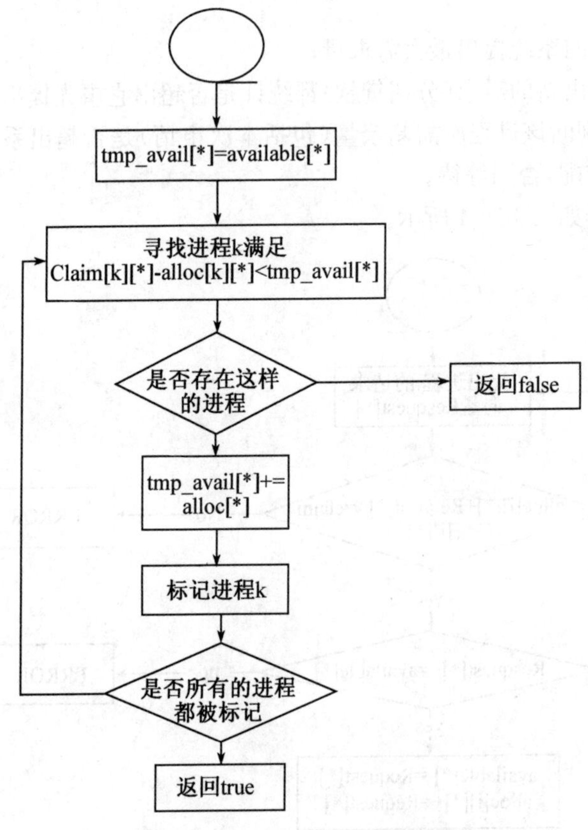

图 16－5　银行家算法安全检测流程

第 17 章　内存与外存管理算法的模拟实现

本章是内存与外存管理算法的模拟实现，主要内容有页面置换算法的模拟实现、简单文件系统的模拟实现等。通过对本章内容的学习实践，学会设计页面置换算法的模拟实现、简单文件系统的模拟实现，通过课程设计，深刻理解页面置换算法的实现技术和简单文件系统的设计方法和过程。

17.1　页面置换算法的模拟实现

17.1.1　设计目的

请求页式管理是一种常用的虚拟存储管理技术。本设计的目的是通过请求页式存储管理中页面置换算法模拟设计，了解虚拟存储技术的特点，掌握请求页式存储管理的页面置换算法和实现方法。

17.1.2　设计要求

(1) 设计一个虚拟存储区和内存工作区，编程序演示下述算法的具体实现过程，并计算各个算法的缺页率。

(2) 用 C 语言实现，要求设计主界面以灵活选择某算法，且以下算法都要实现先进先出算法(FIFO)、最近最久未使用算法(LRU)。

(3) 程序采用人工的方法选择，依次换策略选择一个可置换的页，并计算它们的缺页率以便比较。

17.1.3　设计原理

首先创建页面链指针数据结构，并设计页面映像表，采用数组的方法给定页面映像。

申请缓冲区，将一个进程的逻辑地址空间划分成若干个大小相等的部分，每一部分称做页面或页。每页都有一个编号，叫做页号，页号从 0 开始依次编排，如 0,1,2……。设置等大小的内存块。初始状态：将数据文件的第一个页面装入到该缓冲区的第 0 块。

设计页面置换算法，这里分别采用最佳页面置换算法 OPT 和最近最久未使用置换算法 LRU，并分别计算它们的缺页率，以比较它们的优劣。

17.1.4 设计内容

执行程序时，当内存没有可用页面时，为了选择淘汰内存中的哪一页面，腾出一个空闲块以便存放新调入的页面，淘汰哪个页面的首要问题是选择何种置换算法。

1. 输入要求

页面流文件，其中存储的是一系列页面号(页面号用整数表示，用空格作为分隔符)，用来模拟待换入的页面。

下面是一个示意：

1 2 3 4 1 2 5 1 2 3 4 5

2. 处理要求

程序运行时，首先提示“请输入页面流文件的文件名:”，输入一个文件名后，程序将读入该文件中的有关数据。

初始条件：采用三个页框，初始时均为空。

根据第二次机会算法对数据进行处理。

3. 输出要求

每换入一个页面(即：每读入一个页面号)，判断是否有页面需要被换出。若有，把被换出的页面号输出到屏幕上；若没有，则输出一个“ * ”号。

17.2 简单文件系统的模拟实现

17.2.1 设计目的

模拟一个文件系统，包括目录文件、普通文件，并实现对它们的一些基本操作。假定每个目录文件最多只能占用一个块；一个目录项包括文件名(下一级目录名)，文件类型，文件长度，指向文件内容(下一级目录)的指针内容。普通文件可以只用目录项(FCB)代表。

17.2.2 设计要求

(1) 可以实现下列几条命令(至少 4 条)；

(2) 列目录时要列出文件名、物理地址、保护码和文件长度；

(3) 源文件可以进行读写保护。

表 17-1　要求实现的命令

Login	用户登录
Dir	列文件目录
Create	创建文件
Delete	删除文件
Open	打开文件
Close	关闭文件
Read	读文件
Write	写文件

17.2.3　设计思路

1. 确定文件系统主要数据结构

(1) i 结点

```
struct inode
{   struct inode *i_forw;
    struct inode *i_back;
    char i_flag;
    unsigned int i_ino;                  /*磁盘 i 结点标号*/
    unsigned int i_count;                /*引用计数*/
    unsigned short di_number;            /*关联文件数,当为 0 时,则删除该文件*/
    unsigned short di_mode;              /*存取权限*/
    unsigned short di_uid;               /*磁盘 i 结点用户 id*/
    unsigned short di_gid                /*磁盘 i 结点组 id*/
    unsigned int di_addr[NADDR];         /*物理块号*/
```

(2)磁盘 i 结点

```
struct dinode
{   unsigned short di_number;       /*关联文件数*/
    unsigned short di_mode;         /*存取权限*/
    unsigned short di_uid
    unsigned short di_gid;
    unsigned long di_size;          /*文件大小*/
    unsigned int di_addr[NADDR];    /*物理块号*/
}
```

(3) 目录项结构

```
struct direct
{   char d_name[DIRSIZ];            /*目录名*/
  unsigned int d_ino;               /*目录号*/
}
```

(4) 超级块

```
struct filsys
{   unsigned short s_isize;                 /*i结点块块数*/
    unsigned long s_fsize;                  /*数据块块数*/
    unsigned int s_nfree;                   /*空闲块块数*/
    unsigned short s_pfree;                 /*空闲块指针*/
    unsigned int s_free[NICFREE];           /*空闲块堆栈*/
    unsigned int s_ninode;                  /*空闲i结点数*/
    unsigned short s_pinode;                /*空闲i结点指针*/
    unsigned int s_inode[NICINOD];          /*空闲i结点数组*/
    unsigned int s_rinode;                  /*铭记i结点*/
    char s_fmod;                            /*超级块修改标记*/
}
```

(5) 用户密码

```
struct pwd
{   unsigned short p_uid;
    unsigned short p_gid;
    char password[PWOSIZ];
};
```

(6) 目录

```
struct dir
{   struct direct direct [DIRNUM];
    int size;
};
```

(7) 查找内存i结点的hash表

```
struct hinode
{   struct inode *i_forw;
};
```

(8) 系统打开表

```
struct file
{   char f_flag;                    /* 文件操作标志 */
    unsigned int f_count;           /* 引用计数 */
    struct inode *f_inode;          /* 指向内存i结点 */
    unsigned long f_off;            /* 读/写指针 */
};
```

(9) 用户打开表

```
struct user
{   unsigned short u_default_mode;
   unsigned short u_uid;                    /* 用户标志 */
    unsigned short u_gid;                   /* 用户组标志 */
    unsigned short u_ofile[NOFILE];         /* 用户打开表 */
};
```

2. 确定文件系统主要函数

(1) i结点内容获取函数 iget()

(2) i结点内容释放函数 iput()

(3) 目录创建函数 mkdir()

(4) 目录搜索函数 namei()

(5) 磁盘块分配函数 balloc()

(6) 磁盘块释放函数 bfree()

(7) 分配i结点区函数 ialloc()

(8) 释放i结点区函数 ifree()

(9) 搜索当前目录下文件的函数 iname()

(10) 访问控制函数 access()

(11) 显示目录和文件用函数_dir()

(12) 改变当前目录用函数 chdir()

(13) 打开文件函数 open()

(14) 创建文件函数 create()

(15) 读文件用函数 read()

(16) 写文件用函数 write()

(17) 用户登录函数 login()

(18) 用户退出函数 logout()

(19) 文件系统格式化函数 format()

(20) 进入文件系统函数 install()

(21) 关闭文件系统函数 close()

(22) 退出文件系统函数 halt()

(23) 文件删除函数 delete()

3. 确定文件系统主程序

```
begin
    step1     对磁盘进行格式化
    step2     调用 install( ),进入文件系统
    step3     调用_dir( ),显示当前目录
    step4     调用 login( ),用户注册
    step5     调用 mkdir( )和 chdir( )创建目录
    step6     调用 creat( ),创建文件 0
    step7     分配缓冲区
    step8     写文件 0
    step9     关闭文件 0 和释放缓冲
    step10    调用 mkdir( )和 chdir( )创建子目录
    step11    调用 creat( ),创建文件 1
    step12    分配缓冲区
    step13    写文件 1
    step14    关闭文件 1 和释放缓冲
    step15    调用 chdir 将当前目录移到上一级
    step16    调用 creat( ),创建文件 2
    step17    分配缓冲区
    step18    调用 write( ),写文件 2
    step19    关闭文件 2 和释放缓冲
    step20    调用 delete( ),删除文件 0
    step21    调用 creat( ),创建文件 3
    step22    为文件 3 分配缓冲区
    step23    调用 write( ),写文件 3
    step24    关闭文件 3 和释放缓冲
    step25    调用 open( ),打开文件 2
    step26    为文件 2 分配缓冲区
    step27    调用 open( ),打开文件 2
    step28    释放缓冲
    step29    用户退出(logout)
    step30    关闭(halt)
end
```

由上述描述过程可知,该文件系统实际是为用户提供一个解释执行相关命令的环境。主程序中的大部分语句都被用来执行相应的命令。

4. 设计每个过程的相关 C 语言程序

设计代码详见附录 2。

附　录

附录1　设备管理与驱动实验的参考代码

1. 字符设备驱动程序

(1) 函数 scull_open()

```
int scull_open(struct inode * inode,struct file * filp)
{
  MOD_INC_USE_COUNT;      // 增加该模块的用户数目
  printk("This chrdev is in open\n");
  return 0;
}
```

(2) 函数 scull_write()

```
int scull_write(struct inode * inode,struct file * filp,const char * buffer,int count)
{
  if(count < 0)
  return - EINVAL;
  if(scull. usage || scull. new_msg)
    return - EBUSY;
  scull. usage = 1;
  kfree(scull. data);
  data = kmalloc(sizeof(char) * (count+1),GFP_KERNEL);
  if(! scull. data)
  {
    return - ENOMEM;
  }
  copy_from_user(scull. data,buffer,count + 1);
  scull. usage = 0;
  scull. new_msg = 1;
  return count;
}
```

(3) 函数 scull_read()

```
int scull_read(struct inode * inode,struct file * filp,char * buffer,int count)
{
  int length;
  if(count < 0)
    return - EINVAL;
  if(scull. usage)
    return - EBUSY;
  scull. usage = 1;
  if(scull. data == 0)
    return 0;
  length = strlen(scull. data);
  if(length < count)
    count = length;
  copy_to_user(buf,scull. data,count + 1);
  scull. new_msg = 0;
  scull. usage = 0;
  return count;
}
```

(4) 函数 scull_ioctl()

```
#include <linux/ioctl. h>
#define SCULL_MAJOR 0
#define SCULL_MAGIC SCULL_MAJOR
#define SCULL_RESET _IO(SCULL_MAGIC,0) // reset the data
#define SCULL_QUERY_NEW_MSG _IO(SCULL_MAGIC,1) // check for new message
#define SCULL_QUERY_MSG_LENGTH _IO(SCULL_MAGIC,2) //get message length
#define IOC_NEW_MSG 1
static int usage,new_msg; // control flags
static char * data;
int scull_ioctl(struct inode * inode,struct file * filp,unsigned long int cmd,unsigned long arg)
{
  int ret=0;
  switch(cmd)
  {
    case SCULL_RESET:
      kfree(data);
      data = NULL;
      usage = 0;
```

```
        new_msg = 0;
        break;
      case SCULL_QUERY_NEW_MSG:
        if(new_msg)
          return IOC_NEW_MSG;
          break;
      case SCULL_QUERY_MSG_LENGTH:
        if(data == NULL)
        {
          return 0;
        }
        else
        {
          return strlen(data);
        }
        break;
      default:
        return - ENOTTY;
    }
    return ret;
}
```

(5) 函数 scull_release()

```
void scull_release(struct inode * inode,struct file * filp)
{
  MOD_DEC_USE_COUNT; // 该模块的用户数目减 1
  printk("This chrdev is in release\n");
return 0;
#ifdef DEBUG
printk("scull_release(%p,%p)\n",inode,filp);
#endif
}
```

(6) 测试函数

在该字符设备驱动程序编译加载后，再在/dev 目录下创建字符设备文件 chrdev，使用命令：

#mknod /dev/chrdev c major minor

其中“c”表示 chrdev，是字符设备，“major”是 chrdev 的主设备号。(该字符设备驱动程序编译加载后，可在/proc/devices 文件中获得主设备号，或者使用命令：

#cat /proc/devices | awk "\\$2==\" chrdev\"{ print\\$1}" 获得主设备号)

```
#include <stdio.h>
#include <sys/types.h>
#include <sys/stat.h>
#include <sys/ioctl.h>
#include <stdlib.h>
#include <string.h>
#include <fcntl.h>
#include <unistd.h>
#include <errno.h>
#include "chrdev.h" // 见后面定义
void write_proc(void);
void read_proc(void);
main(int argc,char **argv)
{
    if(argc == 1)
    {
      puts("syntax: testprog[write|read]\n");
      exit(0);
    }
   if(! strcmp(argv[1], "write"))
   {
      write_porc();
    }
    else if(! strcmp(argv[1],"read"))
    {
      read_proc();
   }
    else
    {
      puts("testprog: invalid command! \n");
   }
    return 0;
}
void write_proc()
{
    int fd,len,quit = 0;
    char buf[100];
```

```
    fd = open("/dev/chrdev",O_WRONLY);
    if(fd <= 0)
    {
      printf("Error opening device for writing! \n");
      exit(1);
    }
    while(! quit)
    {
      printf("\n Please write into:");
      gets(buf);
      if(! strcmp(buf,"exit"))
         quit = 1;
      while(ioctl(fd,DYNCHAR_QUERY_NEW_MSG))
      usleep(100);
      len = write(fd,buf,strlen(buf));
       if(len < 0)
       {
        printf("Error writing to device! \n");
        close(fd);
        exit(1);
       }
       printf("\n There are %d bytes written to device! \n",len);
     }
     close(fd);
}
void read_proc()
{
   int fd,len,quit = 0;
   char * buf = NULL;
   fd=open("/dev/chrdev",O_RDONLY);
   if(fd < 0)
   {
     printf("Error opening device for reading! \n");
     exit(1);
   }
   while(! quit)
   {
     printf("\n Please read out:");
```

```
        while(! ioctl(fd,DYNCHAR_QUERY_NEW_MSG))
          usleep(100);
        // get the msg length
        len = ioctl(fd,DYNCHAR_QUERY_MSG_LENGTH,NULL);
        if(len)
      {
        if(buf ! = NULL)
          free(buf);
        buf = malloc(sizeof(char) * (len+1));
        len = read(fd,buf,len);
        if(len < 0)
        {
          printf("Error reading from device! \n");
        }
        else
        {
          if(! strcmp(buf,"exit")
          {
            ioctl(fd,DYNCHAR_RESET); // reset
            quit = 1;
          }
          else
            printf("%s\n",buf);
        }
      }
    }
  free(buf);
  close(fd);
  }
```

// 以下为 chrdev. h 定义

```
#ifndef _DYNCHAR_DEVICE_H
#define _DYNCHAR_DEVICE_H
#include <linux/ioctl.h>
#define DYNCHAR_MAJOR 42
#define DYNCHAR_MAGIC DYNCHAR_MAJOR
#define DYNCHAR_RESET _IO(DYNCHAR_MAGIC,0) // reset the data
#define DYNCHAR_QUERY_NEW_MSG _IO(DYNCHAR_MAGIC,1) // check for
```

```
new message
#define DYNCHAR_QUERY_MSG_LENGTH _IO(DYNCHAR_MAGIC,2) // get
message length
#define IOC_NEW_MSG 1
#endif
```

2. 块设备驱动程序

保存设备信息的数据结构：

```
typedef struct Sbull_Dev
{
  void * * data;
  int quantum; // the current quantum size
  int qset; // the current array size
  unsigned long size;
  unsigned int new_msg;
  unsigned int usage; // lock the device while using it
  unsigned int access_key; // used by sbulluid and sbullpriv
  struct Sbull_Dev * next; // next listitem
};
extern struct sbull_dev * sbull; // device information
```

（1）函数 sbull_open()

```
int sbull_open(struct inode * inode,struct file * filp)
{
  int num = MINOR(inode -> i_rdev);
  if(num >= sbull -> size)
  return - ENODEV;
  sbull -> size = sbull -> size + num;
  if(! sbull -> usage)
  {
    check_disk_change(inode -> i_rdev);
    if(! * (sbull -> data))
      return - ENOMEM;
  }
  sbull -> usage++;
  MOD_INC_USE_COUNT;
  return 0;
}
```

(2) 函数 sbull_ioctl()

```
#include <linux/ioctl.h>
#include <linux/fs.h> // BLKGETSIZE、BLKFLSBUF 和 BLKRRPART 在此中定义
int sbull_ioctl(struct inode * inode,struct file * filp,unsigned int cmd,unsigned long arg)
{
  int err;
  struct hd_geometry * geo = (struct hd_geometry * )arg;
  PDEBUG("ioctl 0x%x 0x%lx\n",cmd,arg);
  switch(cmd)
  {
    case BLKGETSIZE:
      // Return the device size,expressed in sectors
      if(! arg)
        return - EINVAL; // NULL pointer:not valid
      err = verify_area(VERIFY_WRITE,(long * )arg,sizeof(long));
      if(err)
        return err;
      put_user(1024 * sbull_sizes[MINOR(inode -> i_rdev)/sbull_hardsects [MINOR(inode -
> i_rdev)],(long * )arg);
        return 0;
      case BLKFLSBUF: // flush
        if(! suser())
          return - EACCES; // only root
        fsync_dev(inode -> i_rdev);
        return 0;
    case BLKRRPART: // re-read partition table: can't do it
      return - EINVAL;
      RO_IOCTLS(inode -> i_rdev,arg);
      // the default RO operations,宏 RO_IOCTLS(kdev_t dev,
      unsigned long where)在 blk.h 中定义
  }
  return - EINVAL; // unknown command
}
```

(3) 函数 sbull_release()

```
void sbull_release(struct inode * inode,struct file * filp)
{
  sbull -> size = sbull -> size + MINOR(inode -> i_rdev);
```

```
    sbull -> usage--;
    MOD_DEC_USE_COUNT;
    printk("This blkdev is in release! \n");
    return 0;
    #ifdef DEBUG
    printk("sbull_release(%p,%p)\n",inode,filp);
    #endif
}
```

（4）函数 sbull_request()

```
extern struct request *CURRENT;
void sbull_request(void)
{
    while(1)
    {
        INIT_REQUEST();
        printk("request %p: cmd %i sec %li (nr. %li),next %p\n",
        CURRENT,
        CURRENT -> cmd,
        CURRENT -> sector,
        CURRENT -> current_nr_sectors);
        end_request(1); // 请求成功
    }
}
```

附录 2 简单文件系统设计实验的参考代码

读者也可以使用这些子过程，编写出一个用 Shell 控制的文件系统界面。

(1) 编写 makefile

本文件系统程序用 GNU make 工具进行管理，makefile 内容如下：

```
/*************************************************************
                         makefile
*************************************************************/
filsys:main.o igetput.o iallfre.o ballfre.o name.o access.o log.o close.o creat.o delete.o dir.o open.o rdwt.o format.o install.o halt.o
cc -mcpu=i686 -o filsys main.o igetput.o iallfre.o ballfre.o name.o access.o log.o close.o creat.o delete.o dir.o open.o rdwt.o format.o install.o halt.o
    main.o:main.c filesys.h
        cc -mcpu=i686 -c main.c
    igetput.o:igetput.c filesys.h
        cc -mcpu=i686 -c igetput.c
    iallfre.o:iallfre.c filesys.h
        cc -mcpu=i686 -c iallfre.c
    ballfre.o:ballfre.c filesys.h
        cc -mcpu=i686 -c ballfre.c
    name.o:name.c filesys.h
        cc -mcpu=i686 -c name.c
    access.o:access.c filesys.h
        cc -mcpu=i686 -c access.c
    log.o:log.c filesys.h
        cc -mcpu=i686 -c log.c
    close.o:close.c filesys.h
        cc -mcpu=i686 -c close.c
    creat.o:creat.c filesys.h
        cc -mcpu=i686 -c creat.c
    delete.o:delete.c filesys.h
        cc -mcpu=i686 -c delete.c
    dir.o:dir.c filesys.h
        cc -mcpu=i686 -c dir.c
    open.o:open.c filesys.h
```

```
     cc -mcpu=i686 -c open.c
rdwt.o:rdwt.c filesys.h
     cc -mcpu=i686 -c rdwt.c
format.o:format.c filesys.h
     cc -mcpu=i686 -c format.c
install.o:install.c filesys.h
     cc -mcpu=i686 -c install.c
halt.o:halt.c filesys.h
     cc -mcpu=i686 -c halt.c
clean:
     rm filsys filesystem *.o
```

(2) 头文件 filesys.h

头文件 filesys.h 用来定义本文件系统中所使用的各种数据结构和常数符号。

```
/*****************************************************
filesys.h
定义本文件系统中的数据结构和常数
*****************************************************/
#define BLOCKSIZ 512
#define SYSOPENFILE 40
#define DIRNUM 128
#define DIRSIZ 14
#define PWDSIZ 12
#define PWDNUM 32
#define NOFILE 20
#define NADDR 10
#define NHINO 128                 /* must be power of 2 */
#define USERNUM 10
#define DINODESIZ 32
/* filsys */
#define DINODEBLK 32
#define FILEBLK 512
#define NICFREE 50
#define NICINOD 50
#define DINODESTART  2*BLOCKSIZ
#define DATASTART  (2+DINODEBLK)*BLOCKSIZ
/* di_node */
#define DIEMPTY 00000
```

```
#define DIFILE 01000
#define DIDIR 02000
#define UDIREAD 00001          /* user */
#define UDIWRITE 00002
#define UDIEXICUTE 00004
#define GDIREAD 00010 /* group */
#define GDIWRITE 00020
#define GDIEXICUTE 00040
#define ODIREAD 00100 /* other */
#define ODIWRITE 00200
#define ODIEXICUTE 00400
#define READ 1
#define WRITE 2
#define EXICUTE 3
#define DEFAULTMODE 00777
/* i_flag */
#define IUPDATE 00002
/* s_fmod */
#define SUPDATE 00001
/* f_flag */
#define FREAD 00001
#define FWRITE 00002
#define FAPPEND 00004
/* error */
#define DISKFULL 655535
/* fseek origin */
#define SEEK_SET 0
/* 文件系统数据结构 */
struct inode
{   struct inode *i_forw;
    struct inode *i_back;
    char i_flag;
    unsigned int i_ino;                /* 磁盘i结点标志 */
    unsigned int i_count;              /* 引用计数 */
    unsigned short di_number;          /* 关联文件数,当为0时,则删除该文件 */
    unsigned short di_mode;            /* 存取权限 */
    unsigned short di_uid;
    unsigned short di_gid;
```

```
    unsigned short di_size;                 /*文件大小*/
    unsigned int di_addr[NADDR];            /*物理块号*/
  };
    struct dinode
      { unsigned short di_number;           /*关联文件数*/
        unsigned short di_mode;             /*存取权限*/
        unsigned short di_uid;
        unsigned short di_gid;
        unsigned long di_size;              /*文件大小*/
        unsigned int di_addr[NADDR];        /*物理块号*/
      };
    struct direct
    { char d_name[DIRSIZ];
      unsigned int d_ino;
    };
    struct filsys
{ unsigned short s_isize;                   /*i结点块数*/
    unsigned long s_fsize;                  /*数据块数*/
    unsigned int s_nfree;                   /*空闲块*/
    unsigned short s_pfree;                 /*空闲块指针*/
    unsigned int s_free[NICFREE];           /*空闲块堆栈*/
    unsigned int s_ninode;                  /*number of free inode in s_inode*/
    unsigned short s_pinode;                /*pointer of the sinode*/
    unsigned int s_inode[NICINOD];          /*空闲i结点数*/
    unsigned int s_rinode;                  /*remember inode*/
    char s_fmod;                            /*超级块修改标志*/
  };
struct pwd
{ unsigned short p_uid;
  unsigned short p_gid;
  char password[PWDSIZ];
  };
struct dir
{ struct direct direct[DIRNUM];
  int size;                                 /*当前目录大小*/
  };
struct hinode
{ struct inode *i_forw;/*hash表指针*/
```

```
   };
struct file
{  char f_flag;                      /* 文件操作标志 */
   unsigned int f_count;             /* 引用计数 */
   unsigned int f_inode;             /* 指向内存 i 结点 */
   unsigned long f_off;              /* read/write character pointer */
   };
struct user
{  unsigned short u_default_mode;
   unsigned short u_uid;
   unsigned short u_gid;
   unsigned short u_ofile[NOFILE];   /* 用户打开文件表 */
   /* system open file pointer number
   };
extern struct hinode hinode[NHINO];
extern struct dir dir;               /* 当前目录(在内存中全部读入) */
extern struct file sys_ofile[SYSOPENFILE];
extern struct filsys filsys;         /* 内存中的超级块 */
extern struct pwd pwd[PWDNUM];
extern struct user user[USERNUM];
extern FILE *fd;                     /* the file system column of all the system */
extern struct inode *cur_path_inode;
extern int user_id;
extern int iHave_formated;
extern int iCur_free_block_index;
/* proptype of the sub rounion used in the file system */
extern struct inode *iget( );
extern int iput( );
extern unsigned int balloc( );
extern bfree( );
extern struct inode *ialloc( );
extern ifree( );
extern unsigned int namei( );
extern unsigned short iname( );
extern unsigned int access( );
extern _dir( );
extern mkdir( );
extern chdir( );
```

```
extern unsigned short open( );
extern creat( );
extern unsigned int read( );
extern unsigned int write( );
extern int login( );
extern logout( );
extern install( );
extern format( );
extern close( );
extern halt( );
```

(3) 主程序 main() (文件名 main. c)

主程序 main. c 用来测试文件系统的各种设计功能,其主要功能描述如程序设计中的第 4 部分。

```
#include "stdio. h"
#include "filesys. h"
struct hinode hinode[NHINO];
struct dir dir;
struct file sys_ofile[SYSOPENFILE];
struct filsys filsys;
struct pwd pwd[PWDNUM];
struct user user[USERNUM];
FILE *fd;
struct inode *cur_path_inode;
int user_id;
int iHave_formated;
int iCur_free_block_index;
main( )
{ unsigned short ab_fd1,ab_fd2,ab_fd3,ab_fd4,ab_fd5;
  char *buf;
  char file_content_buf[BLOCKSIZ];
  char c;
  printf("begin:\n");
  printf("\nDo you want to format the disk? \n");
  if(getchar( )=='y')
     printf("\nFormat will erase context on the disk \n Are you sure? \n");
  getchar();
  if((c=getchar( ))=='y')
```

```
            {
        printf("format starts\n");
        format( );
        iHave_formated = 1;
        printf("format ended\n");
        }
    else
      printf("received char :%c from stdin\n",c);
    printf("step 1 ended\n");
    install( );
    printf("step 2 ended\n");
    _dir( );
    printf("step 3 ended\n");
    login(2118,"abcd");
    user_id=0;
    printf("step 4 ended\n");
    mkdir("a2118");
    _dir();
    printf("step 5-1 ended\n");
    chdir("a2118");
    _dir();
    printf("step 5-2 ended\n");
    ab_fd1=creat(2118,"ab_file0. c",01777);
    _dir();
    printf("step 6 ended\n");
    buf=(char *)malloc(BLOCKSIZ * 6+5);
    printf("step 7 ended\n");
    write(2118,ab_fd1,buf,BLOCKSIZ * 6+5);
    printf("step 8 ended\n");
    close(2118,ab_fd1);
    printf("step 9 ended\n");
    free(buf);
    mkdir("subdir");
    printf("step 10-1 ended\n");
    chdir("subdir");
    printf("step 10-2 ended\n");
    ab_fd2=creat(2118,"file1. c",01777);
    printf("step 11 ended\n");
```

```
    buf=(char *)malloc(BLOCKSIZ*4+20);
    printf("step 12 ended\n");
    write(2118,ab_fd2,buf,BLOCKSIZ*4+20);
    printf("step 13 ended\n");
    close(2118,ab_fd2);
    free(buf);
    printf("step 14 ended\n");
    chdir("..");
    printf("step 15 ended\n");
    ab_fd3=creat(2118,"ab_file2.c",01777);
    buf=(char *)malloc(BLOCKSIZ*10+255);
    write(2118,ab_fd3,buf,BLOCKSIZ*3+255);
    close(2118,ab_fd3);
    free(buf);
    delete("ab_file0.c");
    printf("step 16 ended\n");
    ab_fd4=creat(2118,"ab_file3.c",01777);
    buf=(char *)malloc(BLOCKSIZ*8+300);
    printf("step 17 ended\n");
    write(2118,ab_fd4,buf,BLOCKSIZ*8+300);
    printf("step 18 ended\n");
    close(2118,ab_fd4);
    free(buf);
    printf("step 19 ended\n");
    ab_fd3=open(2118,"ab_file2.c",FAPPEND);
    printf("step 20 ended\n");
    buf=(char *)malloc(BLOCKSIZ*3+100);
    write(2118,ab_fd3,buf,BLOCKSIZ*3+100);
    printf("step 21 ended,ab_fd3 = %d\n",ab_fd3);
    close(2118,ab_fd3);
    ab_fd5=creat(2118,"文件5",01777);
    write(2118,ab_fd5,"\nFly me to the moon\nAnd let me play among the stars\nLet me see what
Spring is like\nOn Jupiter and Mars\n带我飞向月球,让我在群星中嬉戏,让我看看木星和火星上的春
天\n",BLOCKSIZ);
    close(2118,ab_fd5);
    ab_fd5=open(2118,"文件5",FREAD);
    read(2118,ab_fd5,file_content_buf,BLOCKSIZ);
    printf("读出文件5的内容:%s\n",file_content_buf);
```

```
close(2118,ab_fd5);
printf("step 22 ended\n");
free(buf);
_dir( );
chdir("..");
printf("\nstep 23 ended\n");
logout(2118);
printf("step 24 ended\n");
halt( );
}
```

(4) 初始化磁盘格式程序 format( )　　　(文件名 format.c)

```
#include "stdio.h"
#include "filesys.h"
format( )
{   struct inode *inode;
    struct direct dir_buf[BLOCKSIZ/(DIRSIZ+2)];
    struct pwd passwd[BLOCKSIZ/(PWDSIZ+4)];
  /*  \{
        {2116,03,"dddd"},
        {2117,03,"bbbb"},
        {2118,04,"abcd"},
        {2119,04,"cccc"},
        {2220,05,"eeee"},
    };
*/
  //struct filsys;
  unsigned int block_buf[BLOCKSIZ/sizeof(int)];
  char *buf;
  int i,j;
  /* creat the file system file */
  memset(dir_buf,0,(BLOCKSIZ/(DIRSIZ+2))*sizeof(struct direct));
  fd=fopen("filesystem","w+b");
  buf=(char *)malloc((DINODEBLK+FILEBLK+2)*BLOCKSIZ*sizeof(char));
  if (buf==NULL)
    exit(0);
  printf("\nIn format(),file system file is created ,fd = %x\n",fd);
  fseek(fd,0,SEEK_SET);
```

```
fwrite(buf,1,(DINODEBLK+FILEBLK+2) * BLOCKSIZ * sizeof(char),fd);
/* 0. initialize the passwd */
passwd[0]. p_uid=2116;passwd[0]. p_gid=03;
strcpy(passwd[0]. password,"dddd");
passwd[1]. p_uid=2117;passwd[1]. p_gid=03;
strcpy(passwd[1]. password,"bbbb");
passwd[2]. p_uid=2118;passwd[2]. p_gid=04;
strcpy(passwd[2]. password,"abcd");
passwd[3]. p_uid=2119;passwd[3]. p_gid=04;
strcpy(passwd[3]. password,"cccc");
passwd[4]. p_uid=2220;passwd[4]. p_gid=05;
strcpy(passwd[4]. password,"eeee");
/* 给 main()中的密码表 pwd[PWDNUM]填入内容 */
pwd[0]. p_uid=2116;pwd[0]. p_gid=03;
strcpy(pwd[0]. password,"dddd");
pwd[1]. p_uid=2117;pwd[1]. p_gid=03;
strcpy(pwd[1]. password,"bbbb");
pwd[2]. p_uid=2118;pwd[2]. p_gid=04;
strcpy(pwd[2]. password,"abcd");
pwd[3]. p_uid=2119;pwd[3]. p_gid=04;
strcpy(pwd[3]. password,"cccc");
pwd[4]. p_uid=2220;pwd[4]. p_gid=05;
strcpy(pwd[4]. password,"eeee");
/* 1. creat the main directory and its sub dir etc and the file password */
inode=iget(0);        /* 0 empty dinode id */
inode->di_mode=DIEMPTY;
iput(inode);
inode=iget(1);        /* 1 main dir id */
inode->di_number=1;
inode->di_mode=DEFAULTMODE|DIDIR;
inode->di_size=3 * sizeof(struct direct);
inode->di_addr[0]=0; /* block 0# is used by the main directory */
strcpy(dir_buf[0]. d_name,"..");
dir_buf[0]. d_ino=1;
strcpy(dir_buf[1]. d_name,".");
dir_buf[1]. d_ino=1;
strcpy(dir_buf[2]. d_name,"etc");
dir_buf[2]. d_ino=2;
```

```
fseek(fd,DATASTART,SEEK_SET);
fwrite(dir_buf,1,3 * sizeof(struct direct),fd);
iput(inode);
inode=iget(2); /* 2 etc dir id */
inode->di_number=1;
inode->di_mode=DEFAULTMODE|DIDIR;
inode->di_size=3 * sizeof(struct direct);
inode->di_addr[0]=1; /* block 1# is used by the etc directory */
strcpy(dir_buf[0].d_name,"..");
dir_buf[0].d_ino=1;
strcpy(dir_buf[1].d_name,".");
dir_buf[1].d_ino=2;
strcpy(dir_buf[2].d_name,"password");
dir_buf[2].d_ino=3;
fseek(fd,DATASTART+BLOCKSIZ * 1,SEEK_SET);
fwrite(dir_buf,1,3 * sizeof(struct direct),fd);
iput(inode);
inode=iget(3);/* 3 password id */
inode->di_number=1;
inode->di_mode=DEFAULTMODE|DIFILE;
inode->di_size=BLOCKSIZ;
inode->di_addr[0]=2;    /* block 2# is used by the password file */
for(i=5;i<PWDNUM;i++)
 {   passwd[i].p_uid=0;
     passwd[i].p_gid=0;
     strcpy(passwd[i].password," ");
 }
fseek(fd,DATASTART+2 * BLOCKSIZ,SEEK_SET);
fwrite(passwd,1,BLOCKSIZ,fd);
iput(inode);
/* 2. initialize the superblock */
filsys.s_isize=DINODEBLK;
filsys.s_fsize=FILEBLK;
filsys.s_ninode=DINODEBLK * BLOCKSIZ/DINODESIZ-4;
filsys.s_nfree=FILEBLK-3;
for(i=0;i<NICINOD;i++)
  { /* begin with 4,0,1,2,3,is used by main,etc,password */
    filsys.s_inode[i]=4+i;
```

```
    }
  filsys.s_pinode=0;
  filsys.s_rinode=NICINOD+4;
  block_buf[NICFREE-1]=FILEBLK+1; /*FILEBLK+1 is a flag of end*/
  for(i=0;i<NICFREE-1;i++)
    block_buf[NICFREE-2-i]=FILEBLK-i;
  fseek(fd,DATASTART+BLOCKSIZ*(FILEBLK-NICFREE-1),SEEK_SET);
  fwrite(block_buf,1,BLOCKSIZ,fd);
  for(i=FILEBLK-NICFREE-1;i>2;i-=NICFREE)
    { for(j=0;j<NICFREE;j++)
          block_buf[j]=i-j;
    block_buf[NICFREE]=NICFREE;
     fseek(fd,DATASTART+BLOCKSIZ*(i-1),SEEK_SET);
     fwrite(block_buf,1,BLOCKSIZ,fd);
     }
    i+=NICFREE;
    iCur_free_block_index = i;
  for(i=i,j=1;i>3;i--,j++)
      filsys.s_free[NICFREE-j]=i;
  filsys.s_pfree=NICFREE-j+1;
  filsys.s_pinode=0;
  fseek(fd,BLOCKSIZ,SEEK_SET);
  fwrite(&filsys,1,sizeof(struct filsys),fd);
  fclose(fd);
}
```

(5) 进入文件系统程序 install( )　　　（文件名 install.c)

```
#include "stdio.h"
#include "string.h"
#include "filesys.h"
install()
{  int i,j;
   int return_value;
   /*0. open the file column*/
   if(iHave_formated == 1)
      fd=fopen("filesystem","r+b");
   else
      fd=fopen("filesystem","w+r+b");
```

```
    if (fd==NULL)
      { printf("\n filesys can not be loaded \n");
        exit(0);
      }
    printf("\nIn install(), filesys has been loaded,fd = %x\n",fd);
    /*1. read the filsys from the superblock */
    fseek(fd,BLOCKSIZ,SEEK_SET);
    // fwrite(&filsys,1,sizeof(struct filsys),fd); 原来的代码
    fread(&filsys,sizeof(struct filsys),1,fd);
    /*2. initialize the inode hash chain */
    for (i=0;i<NHINO;i++)
        hinode[i].i_forw=NULL;
    /*3. initialize the sys_ofile */
    for (i=0;i<SYSOPENFILE;i++)
      { sys_ofile[i].f_count=0;
        sys_ofile[i].f_inode=NULL;
      }
    /*4. initialize the user */
    for (i=0;i<USERNUM;i++)
    {   user[i].u_uid=0;
        user[i].u_gid=0;
        for(j=0;j<NOFILE;j++)
            user[i].u_ofile[j]=SYSOPENFILE+1;
    }
    /*5. read the main directory to initialize the dir */
    cur_path_inode=iget(1);
    dir.size=cur_path_inode->di_size/(sizeof(struct direct));
    for(i=0;i<DIRNUM;i++)
      { strcpy(dir.direct[i].d_name,"");
        dir.direct[i].d_ino=0;
      }
  for(i=0;i<dir.size/(BLOCKSIZ/(DIRSIZ+2));i++)
  {
   fseek(fd,DATASTART+BLOCKSIZ*cur_path_inode->di_addr[i],SEEK_SET);
      fread(&dir.direct[(BLOCKSIZ/(DIRSIZ+2))*i],1,BLOCKSIZ,fd);
   }
   fseek(fd,DATASTART+BLOCKSIZ*cur_path_inode->di_addr[i],SEEK_SET);
  if(i == 0)
    fread(&dir.direct[BLOCKSIZ/(DIRSIZ+2)*i],1,cur_path_inode->di_size,fd);
```

```
    else//i>1
      fread (&dir.direct[BLOCKSIZ/(DIRSIZ+2) * i],1,cur_path_inode->
            di_size%BLOCKSIZ,fd);
}
```

(6) 退出程序 halt( )　　(文件名 halt.c)

```
#include "stdio.h"
#include "filesys.h"
halt( )
{ struct inode * inode;
  int i,j;
  /* 1. write back the current dir */
  chdir("..");
  iput(cur_path_inode);
  /* 2. free the u_ofile and sys_ofile and inode */
  for(i=0;i<USERNUM;i++)
    if (user[i].u_uid! =0)
      for (j=0;j<NOFILE;j++)
        if (user[i].u_ofile[j]! =SYSOPENFILE+1)
          { close(user[i].u_ofile[j]);
            user[i].u_ofile[j]=SYSOPENFILE+1;
          }
/* 3. write back the filesys to the disk */
fseek(fd,BLOCKSIZ,SEEK_SET);
fwrite(&filsys,1,sizeof(struct filsys),fd);
/* 4. close the file system column */
fclose(fd);
/* 5. say GOOD BYE to all the user */
printf("\n Good Bye. See You Next Time. Please turn off the switch\n");
exit(0);
}
```

(7) 获取释放 i 结点内容程序 iget( )/iput( )　　(文件名 igetput.c)

```
#include "stdio.h"
#include "stdlib.h"
#include "filesys.h"
struct inode * iget(dinodeid)     /* iget( ) */
unsigned int dinodeid;
```

```
{  int existed=0,inodeid;
   long addr;
   struct inode * temp;
   struct inode * newinode;
   inodeid=dinodeid%NHINO;
   if (hinode[inodeid].i_forw==NULL)
   {  existed=0; }
   else
   {
     temp=hinode[inodeid].i_forw;
     while (temp)
        if (temp->i_ino==inodeid)        /* existed */
           {  existed=1;
              temp->i_count++;
              return temp;
           }
   else      temp=temp->i_forw;       /* not existed */
}
   /* not existed */
   /* 1. calculate the addr of the dinode in the file sys column */
   addr=DINODESTART+dinodeid * sizeof(struct dinode);
   /* 2. malloc the new inode */
   newinode=(struct inode *)malloc(sizeof(struct inode));
   memset(newinode,0,(sizeof(struct inode)));
   /* 3. read the dinode to the inode */
   fseek(fd,addr,SEEK_SET);
   fread(&(newinode->di_number),sizeof(struct dinode),1,fd);
   /* 4. put it into hinode [inodeid] queue */
   newinode->i_forw = hinode[inodeid].i_forw;
   newinode->i_back=newinode;
   if(newinode->i_forw != NULL)
     newinode->i_forw->i_back=newinode;
   hinode[inodeid].i_forw=newinode;
   /* 5. initialize the inode */
   newinode->i_count=1;
   newinode->i_flag=0;          /* flag for not update */
   newinode->i_ino=dinodeid;
   return newinode;
}
```

```
int iput(pinode)          /* iput( ) */
struct inode * pinode;
{
   int i=0,inodeid;
   long addr;
   unsigned int block_num;
   struct inode temp;
   inodeid = pinode->i_ino%NHINO;
   if (pinode->i_count>1)
   {  pinode->i_count--;
      return 1;
   }
else
   {  if (pinode->di_number! =0)
      {     /* write back the inode */
           addr=DINODESTART+pinode->i_ino * sizeof(struct dinode);
      fseek(fd,addr,SEEK_SET);
           fwrite(&(pinode->di_number),sizeof(struct dinode),1,fd);
      fseek(fd,addr,SEEK_SET);
      fread(&(temp.di_number),sizeof(struct dinode),1,fd);
      }
         else
         {
           /* rm the inoide & the block of the file in the disk */
           block_num=pinode->di_size/BLOCKSIZ;
           for(i=0;i<block_num;i++)
               //bfree(pinode->di_addr[i]);
               ifree(pinode->i_ino);
         }
      /* free the inode in the memory */
      if (pinode->i_forw==NULL)
         pinode->i_back->i_forw=NULL;
      else
         {
      pinode->i_forw->i_back=pinode->i_back;
           pinode->i_back->i_forw=pinode->i_forw;
         }
      if(pinode->i_back == pinode) //hash表中该列剩下最后一个inode
      hinode[inodeid].i_forw = NULL;
```

```
    free(pinode);
    }
    return 0;
  }
```

(8) 结点分配和释放函数 ialloc( )和 ifree( )　　(文件名 iallfre.c)

```
#include "stdio.h"
#include "filesys.h"
static struct dinode block_buf[BLOCKSIZ/DINODESIZ];
struct inode *ialloc( )     /* ialloc */
{   struct inode *temp_inode;
    unsigned int cur_di;
    int i,count,block_end_flag;
    if (filsys.s_pinode==NICINOD) /* s_inode empty */
     {   i=0;
         count=0;
         block_end_flag=1;
         filsys.s_pinode=NICINOD-1;
         cur_di=filsys.s_rinode;
      while ((count<NICINOD)||(count<=filsys.s_ninode))
        {   if(block_end_flag)
              {      fseek(fd,DINODESTART+cur_di*DINODESIZ,SEEK_SET);
                      fread(block_buf,1,BLOCKSIZ,fd);
                      block_end_flag=0;
                      i=0;
              }
          while (block_buf[i].di_mode==DIEMPTY)
            {    cur_di++;
                 i++;
            }
            if (i==NICINOD)
               block_end_flag=1;
          else
           {   filsys.s_inode[filsys.s_pinode--]=cur_di;
            count++;
          }
       }
    filsys.s_rinode=cur_di;
```

```
}
temp_inode=iget(filsys.s_inode[filsys.s_pinode]);//分配内存 i 结点
temp_inode->i_ino = filsys.s_inode[filsys.s_pinode]; //设置磁盘 i 结点号
fseek(fd,DINODESTART+filsys.s_inode[filsys.s_pinode] * sizeof(struct dinode),SEEK_SET);
fwrite(&temp_inode->di_number,1,sizeof(struct dinode),fd);
++ filsys.s_pinode;
-- filsys.s_ninode;     //磁盘 i 结点总数-1,置超级块修改标志,返回
filsys.s_fmod=SUPDATE;
return temp_inode;
}
ifree(dinodeid)     /* ifree */
unsigned dinodeid;
{   filsys.s_ninode++;
if (filsys.s_pinode! =NICINOD)          /* not full */
  {  filsys.s_inode[filsys.s_pinode]=dinodeid;
  filsys.s_pinode++;
  }
else                    /* full */
    if (dinodeid<filsys.s_rinode)
                {  filsys.s_inode[NICINOD]=dinodeid;
                filsys.s_rinode=dinodeid;
                }
}
```

(9) 磁盘块分配与释放函数 balloc( )与 bfree( )　　　　(文件名 ballfre.c)

```
#include "stdio.h"
#include "filesys.h"
static unsigned int block_buf[BLOCKSIZ];
unsigned int balloc( )
{   unsigned int free_block,free_block_num;
        int i;
    if (filsys.s_nfree==0)
{   printf("\n Disk Full!!! \n");
    return DISKFULL;
}
free_block=filsys.s_free[filsys.s_pfree];
if(filsys.s_pfree==NICFREE-1)
{
```

```
    fseek(fd,DATASTART+BLOCKSIZ*(iCur_free_block_index+NICFREE-1),SEEK_SET);
    fread(block_buf,1,BLOCKSIZ,fd);
    free_block_num=block_buf[NICFREE]; /* the total block num in the group */
      for(i=0;i<free_block_num;i++)
        filsys.s_free[NICFREE-1-i]=block_buf[i];
      filsys.s_pfree=NICFREE-free_block_num;
    }
    else filsys.s_pfree+=1;
    filsys.s_nfree-=1;
    filsys.s_fmod=SUPDATE;
    return free_block;
}

    bfree(block_num)
    unsigned int block_num;
    {
        int i;
        if(block_num>=0&&block_num<=3)
        return;
        filsys.s_pfree-=1;
        if (filsys.s_pfree==0&&iCur_free_block_index!=11) /* s_free full */
      {
          block_buf[NICFREE]=NICFREE;
          for(i=0;i<NICFREE;i++)
                block_buf[i]=filsys.s_free[NICFREE-1-i];
          filsys.s_pfree=NICFREE-1;
      }
      if(iCur_free_block_index!=11)
      {   iCur_free_block_index-=NICFREE;
          fseek(fd,DATASTART+BLOCKSIZ*(iCur_free_block_index-1),SEEK_SET);
          fread(block_buf,1,BLOCKSIZ,fd);
          filsys.s_nfree++;
          filsys.s_fmod=SUPDATE;
      }
}
```

(10) 搜索函数 namei( )和 iname( )　　　　(文件名 name. c)

```
#include "string.h"
#include "stdio.h"
```

```
#include "filesys.h"
unsigned int namei(name)        /*namei 目录搜索函数*/
char *name;
{ int i,notfound=1;
  for(i=0;((i<dir.size)&&(notfound));i++)
    if ((! strcmp(dir.direct[i].d_name,name))
       &&(dir.direct[i].d_ino! =0))/*find*/
       return i;
       return NULL;                              /*not find*/
};
unsigned short iname(name)      /*iname */
char *name;
{   int i,notfound=1;
    for(i=0;((i<DIRNUM)
    &&(notfound));i++)
    if (dir.direct[i].d_ino==0)
    {   notfound=0;
        break;
    }
    if (notfound)
    {   printf("\n The current directory is full!!! \n");
        return 0;
    }
    else
    {

        strcpy(dir.direct[i].d_name,name);
        return i;
    }
}
```

(11) 访问控制函数 access( )　　　　(文件名 access.c)

```
#include "stdio.h"
#include "filesys.h"
unsigned int access(user_id,inode,mode)
unsigned int user_id;
struct inode *inode;
unsigned short mode;
{ int j,k;
  for(j=0;j<USERNUM;j++)
```

```
        if(user[j]. u_uid == user_id)
        {
          k=j;
          break;
        }
      switch(mode)
    {
    case READ:
      if (inode->di_mode&ODIREAD) return 1;
      if ((inode->di_mode&GDIREAD)&&(user[k]. u_gid==inode->di_gid)) return 1;
      if ((inode->di_mode&UDIREAD)&&(user[k]. u_uid==inode->di_uid)) return 1;
      return 0;
    case WRITE:
      if (inode->di_mode &ODIWRITE) return 1;
      if((inode->di_mode &GDIWRITE)&&(user[k]. u_gid==inode->di_gid)) return 1;
      if((inode->di_mode&UDIWRITE)&&(user[k]. u_uid==inode->di_uid)) return 1;
      return 0;
    case EXICUTE:
    if (inode->di_mode &ODIEXICUTE) return 1;
    if((inode->di_mode&GDIEXICUTE)&&(user[k]. u_gid==inode->di_gid)) return 1;
    if((inode->di_mode&UDIEXICUTE)&&(user[k]. u_uid== inode->di_uid)) return 1;
        return 0;
    case FAPPEND:
            return 1;
    case DEFAULTMODE:
            return 1;
    default:
            return 0;
    }
    }
```

(12) 显示列表函数 dir( )和目录创建函数 mkdir( )等 （文件名 dir. c）

```
    #include "stdio. h"
    #include "string. h"
    #include "filesys. h"
    _dir( )\        /* dir */
    {   unsigned int di_mode;
        int i,j,one;
```

```
 struct inode * temp_inode;
 printf("\nCURRENT DIRECTORY:\n");
for(i=0;i<DIRNUM;i++)
{
  if(! (strcmp(dir.direct[i].d_name,""))&&(dir.direct[i].d_ino==0))
    {
      dir.size = i;
      break;
    }
  }
  for(i=0;i<dir.size;i++)
  {
      if (dir.direct[i].d_ino! =DIEMPTY)
          {       printf("%14s ,dir.direct[%d].d_ino = %d,属性:",
          dir.direct[i].d_name,i,dir.direct[i].d_ino);
          temp_inode=iget(dir.direct[i].d_ino);
          di_mode=temp_inode->di_mode;
        for(j=0;j<12;j++)
              {      one=di_mode%2;
                     di_mode=di_mode/2;
                     if (one)
                  printf("x");
                    else
                   printf("-");
                   }
        if(temp_inode->di_mode & DIFILE)
        {  printf(" %d bytes\n",temp_inode->di_size);
           printf("block chain of the file:");
           for(j=0;j<temp_inode->di_size/BLOCKSIZ+1;j++)
              printf("%d--",temp_inode->di_addr[j]);
              printf("end\n");
        }
        else
           printf("<dir>\n");
           iput(temp_inode);
      }
 }
}
mkdir(dirname) /* mkdir */
```

```
char *dirname;
{ int dirid,dirpos;
  struct inode *inode;
  struct direct buf[BLOCKSIZ/(DIRSIZ+2)];
  unsigned int block;
  memset(buf,0,(BLOCKSIZ/(DIRSIZ+2)) * sizeof(struct direct));
  dirid=namei(dirname);
  if(dirid! =NULL)
  {   inode=iget(dirid);
      if (inode->di_mode&DIDIR)
        printf("\n directory already existed!! \n");
    else
      printf("\n%s is a file name,&can't creat a dir the same name",dirname);
      iput(inode);
      return;
    }
dirpos=iname(dirname);
inode=ialloc( );
// inode->i_ino=dirid;
dir. direct[dirpos]. d_ino=inode->i_ino;
dir. size++;
/* fill the new dir buf */
strcpy(buf[0]. d_name,". ");
buf[0]. d_ino=inode->i_ino;
strcpy(buf[1]. d_name,".. ");
buf[1]. d_ino=cur_path_inode->i_ino;
block=balloc( );
fseek(fd,DATASTART+block * BLOCKSIZ,SEEK_SET);
fwrite(buf,1,BLOCKSIZ,fd);
inode->di_size=2 * sizeof(struct direct);
inode->di_number=1;
inode->di_mode=user[user_id]. u_default_mode;
inode->di_uid=user[user_id]. u_uid|DIDIR;
inode->di_gid=user[user_id]. u_gid;
inode->di_addr[0]=block;
iput(inode);
return;
}
chdir(dirname)      /* chdir */
```

```
char * dirname;
{   unsigned int dirid;
  struct inode * inode;
unsigned short block;
int i,j,low=0,high=0;
dirid=namei(dirname);
if(dirid==NULL)
{   printf("\n %s does not existed\n",dirname);
    return ;
}
inode=iget(dir.direct[dirid].d_ino);
if(! access(user_id,inode,user[user_id].u_default_mode))
{    printf("\nThe directory %s ,Permission deny",dirname);
     iput(inode);
     return ;
}
/* pack the current directory
for(i=0;i<dir.size;i++)
{   for (;j<DIRNUM;j++)
     {
     printf("\nIn chdir(%s),j = %d",dirname,j);
     if (dir.direct[j].d_ino==0) break;
     }
     printf("\nIn chdir(%s),j2 = %d",dirname,j);
  memcpy(&dir.direct[i],&dir.direct[j],DIRSIZ+2);
dir.direct[j].d_ino=0;
}
 */
/* write back the current directory */
//for(i=0;i<cur_path_inode->di_size/BLOCKSIZ+1;i++)
//  bfree(cur_path_inode->di_addr[i]);
for(i=0;i<dir.size;i+=BLOCKSIZ/(sizeof(struct direct)))
  {
  if(i>0)
     {
       block=balloc( );
       cur_path_inode->di_addr[i]=block;
       fseek(fd,DATASTART+block * BLOCKSIZ,SEEK_SET);
       fwrite(&dir.direct[i],1,BLOCKSIZ,fd);
```

```
        }
      else
        {
        fseek(fd,DATASTART+cur_path_inode->di_addr[0] * BLOCKSIZ,SEEK_SET);
        fwrite(&dir.direct[0],1,BLOCKSIZ,fd);
        }
      }
  cur_path_inode->di_size=dir.size * (sizeof(struct direct));
  iput(cur_path_inode);
  cur_path_inode=inode;
  /* read the change dir from disk */
  j=0;
  for(i=0;i<inode->di_size/BLOCKSIZ+1;i++)
    {
      fseek(fd,DATASTART+ inode->di_addr[i] * BLOCKSIZ,SEEK_SET);
      fread(&dir.direct[j],1,BLOCKSIZ,fd);
      j+=BLOCKSIZ/(DIRSIZ+2);
    }
  return;
  }
```

(13) 文件创建函数 creat( )　　　　(文件名 creat.c)

```
#include "stdio.h"
#include "filesys.h"
creat(user_id,filename,mode)
unsigned int user_id;
char * filename;
unsigned short mode;
{
  unsigned int di_ith,di_ino;
  struct inode * inode;
  int i,j,k,user_p;
  for(user_p=0;user_p<USERNUM;user_p++)
      if(user[user_p].u_uid == user_id)
        {
        k=user_p;
        break;
        }
```

```
di_ino=namei(filename);
if (di_ino! =NULL)            /* already existed */
{   inode=iget(di_ino);
    if(access(user_id,inode,mode)==0)
    {   iput(inode);
        printf("\ncreat access not allowed\n");
        return ;
    }
/* free all the block of the old file */
  for(i=0;i<inode->di_size/BLOCKSIZ+1;i++)
      bfree(inode->di_addr[i]);
/* to do: add code here to update the pointer of the sys_file */
  for(i=0;i<SYSOPENFILE;i++)
    if (sys_ofile[i]. f_inode==inode)
      sys_ofile[i]. f_off=0;
  for(i=0;i<NOFILE;i++)
    if (user[k]. u_ofile[i]= SYSOPENFILE+1)
  {   user[k]. u_uid=inode->di_uid;
      user[k]. u_gid=inode->di_gid;
      for(j=0;j<SYSOPENFILE;j++)
      if (sys_ofile[j]. f_count=0)
      {
        user[k]. u_ofile[i]=j;
        sys_ofile[j]. f_flag=mode;
      }
      return i;
  }
}
else     /* not existed before */
{
    inode=ialloc( );
    di_ith=iname(filename);
    dir. size++;
    dir. direct[di_ith]. d_ino=inode->i_ino;
    inode->di_mode=user[k]. u_default_mode|DIFILE;
    inode->di_uid=user[k]. u_uid;
    inode->di_gid=user[k]. u_gid;
    inode->di_addr[0]=balloc();
    inode->di_size=0;
```

```
        inode->di_number=1;
        for (i=0;i<SYSOPENFILE;i++)
          if (sys_ofile[i].f_count==0)
              break;
        for(j=0;j<NOFILE;j++)
          if (user[k].u_ofile[j]==SYSOPENFILE+1)
              break;
        user[k].u_ofile[j]=i;
        sys_ofile[i].f_flag=mode;
        sys_ofile[i].f_count=0;
        sys_ofile[i].f_off=0;
        sys_ofile[i].f_inode=inode;
        return j;
    }
}
```

(14) 打开文件函数 open( )　　(文件名 open.c)

```
#include "stdio.h"
#include "filesys.h"
unsigned short open(user_id,filename,openmode)
int user_id;
char *filename;
unsigned short openmode;
{   unsigned int dirid;
struct inode *inode;
int i,j,k;
dirid=namei(filename);
if (dirid==NULL)          /* no such file */
  {   printf("\n file does not existed!!! \n");
      return NULL;
  }
inode=iget(dir.direct[dirid].d_ino);
if (! access(user_id,inode,openmode))          /* access denied */
            {   printf("\n file open has not access!!!");
                iput(inode);
                return NULL;
            }
/* alloc the sys_ofile item */
```

```
for(i=1;i<SYSOPENFILE;i++)
        if (sys_ofile[i]. f_count==0) break;
if (i==SYSOPENFILE)
        {   printf("\n system open file too much\n");
            iput(inode);
            return NULL;
        }
        sys_ofile[i]. f_inode=inode;
        sys_ofile[i]. f_flag=openmode;
        sys_ofile[i]. f_count=1;
        if (openmode&FAPPEND)
          sys_ofile[i]. f_off=inode->di_size;
        else
          sys_ofile[i]. f_off=0;
/ * alloc the user open file item * /
  for(j=0;j<USERNUM;j++)
     if(user[j]. u_uid == user_id)
     {
       k=j;
       break;
     }
for(j=0;j<NOFILE;j++)
     if (user[k]. u_ofile[j]==SYSOPENFILE+1) break;
if (j==NOFILE)
     {   printf("\n user open file too much!!! \n");
         sys_ofile[i]. f_count=0;
         iput(inode);
         return NULL;
     }
user[k]. u_ofile[j]=i;//记录用户打开的文件在 sys_ofile[ ]中的位置
/ * if APPEND, free the block of the file before * /
if (openmode &FAPPEND)
         {   for(i=0;i<inode->di_size/BLOCKSIZ+1;i++)
                  bfree(inode->di_addr[i]);
             inode->di_size=0;
         }
return j;
}
```

(15) 关闭文件函数 close( )　　(文件名 close. c)

```
#include "stdio. h"
#include "filesys. h"
close(user_id,cfd)          /*close*/
  unsigned int user_id;
  unsigned short cfd;
{    struct inode *inode;
     int j,k;
     for(j=0;j<USERNUM;j++)
       if(user[j]. u_uid == user_id)
       {
         k=j;
         break;
       }
inode=sys_ofile[user[k]. u_ofile[cfd]]. f_inode;
iput(inode);
sys_ofile[user[k]. u_ofile[cfd]]. f_count--;
user[k]. u_ofile[cfd]=SYSOPENFILE+1;
}
```

(16) 删除文件函数 delete( )　　(文件名 delete. c)

```
#include "stdio. h"
#include "filesys. h"
delete(filename)
char *filename;
{    unsigned int dirid;
     struct inode *inode;
     int iReturn_value;
     int i;
     dirid=namei(filename);

     if (dirid! =NULL)
            inode=iget(dir. direct[dirid]. d_ino);
     inode->di_number--;
     iReturn_value=iput(inode);
     if(iReturn_value=1)
       {
       //删除目录项
```

```
        strcpy(dir. direct[dirid]. d_name,"");
                dir. direct[dirid]. d_ino=0;
        for(;dirid<=dir. size-1;dirid++)
    if((strcmp(dir. direct[dirid+1]. d_name,""))&&(dir. direct[dirid+1]. d_ino! =0))
        {
        memcpy(&dir. direct[dirid],&dir. direct[dirid+1],sizeof(struct direct));
                    memset(&dir. direct[dirid+1],0,sizeof(struct direct));
        }
          dir. size=dir. size-1;
      }
          else
                printf("\nIn delete(%s),filename's i_count>1, now i_count-1 ,but this file has not
been deleted\n",filename);
      }
```

(17) 读写文件函数 read( )与 write( )　　(文件名 rdwt. c)

```
#include "stdio. h"
#include "filesys. h"
unsigned int read(user_id,fd_1,buf,size)
unsigned int user_id;
int fd_1;
char * buf;
unsigned int size;
{
unsigned long off;
int block,block_off,i,j,k;
struct inode * inode;
char temp_buf[size];
char * temp;
temp = temp_buf;
for(j=0;j<USERNUM;j++)
    if(user[j]. u_uid == user_id)
    {
        k=j;
        break;
    }
inode=sys_ofile[user[k]. u_ofile[fd_1]]. f_inode;
if(! (sys_ofile[user[k]. u_ofile[fd_1]]. f_flag&FREAD))
```

```
            {  printf("\n the file is not opened for read\n");
               return 0;
            }
    off=sys_ofile[user[k]. u_ofile[fd_1]]. f_off;
    if((off+size)>inode->di_size)
    size=inode->di_size-off;
    block_off=off%BLOCKSIZ;
    block=off/BLOCKSIZ;
    if(block_off+size<BLOCKSIZ)
            {
      fseek(fd,DATASTART+inode->di_addr[block] * BLOCKSIZ+block_off,SEEK_SET);
            fread(buf,1,size,fd);
            sys_ofile[user[k]. u_ofile[fd_1]]. f_off+=size;
            //记录文件读写指针现在的偏移
      return size;
        }
    fseek(fd,DATASTART+ inode->di_addr[block] * BLOCKSIZ+block_off,SEEK_SET);
    fread(temp,1,BLOCKSIZ-block_off,fd);
    temp+=BLOCKSIZ-block_off;
    for(i=0;i<(size-(BLOCKSIZ-block_off))/BLOCKSIZ;i++)
        {
    fseek(fd,DATASTART+inode->di_addr[block+1+i] * BLOCKSIZ,SEEK_SET);
          fread(temp,1,BLOCKSIZ,fd);
          temp+=BLOCKSIZ;
        }
    block_off=(size-block_off)%BLOCKSIZ;  //读最后一块
    block=inode->di_addr[size/BLOCKSIZ+1];
    fseek(fd,DATASTART+block * BLOCKSIZ,SEEK_SET);
    fread(temp,1,block_off,fd);
    sys_ofile[user[k]. u_ofile[fd_1]]. f_off+=size;
    memcpy(buf,temp_buf,size);
    return size;
    }
    unsigned int write(user_id,fd_2,buf,size)        /* write */
    unsigned int user_id;
    int fd_2;
    char  * buf;
    unsigned int size;
```

```
{   unsigned long off;
    int block,block_off;
    int i,j,k;
    struct inode * inode;
    char * temp_buf;
    for(j=0;j<USERNUM;j++)
    if(user[j]. u_uid == user_id)
    {
      k=j;
      break;
    }
    inode=sys_ofile[user[k]. u_ofile[fd_2]]. f_inode;
if((! (sys_ofile[user[k]. u_ofile[fd_2]]. f_flag&FWRITE))&&(! (sys_ofile[user[k]. u_ofile[fd_
2]]. f_flag&(FAPPEND))))
{ printf("\n the file is not opened for write or append\n");
   return 0;
   }
   temp_buf=buf;
   off=sys_ofile[user[k]. u_ofile[fd_2]]. f_off;
   block_off=off%BLOCKSIZ;           //块内写入的起始位置
   block=off/BLOCKSIZ;               //要写入的文件内的块序号
   if(block_off+size<BLOCKSIZ)    //写入后不超过该块的长度
   {
   fseek(fd,DATASTART+inode->di_addr[block] * BLOCKSIZ+block_off,SEEK_SET);
   fwrite(buf,1,size,fd);
   inode->di_size=sys_ofile[user[k]. u_ofile[fd_2]]. f_off+=size;
     //记录文件大小
   return size;
   }
   //写入后超过该块的长度,写入下一块
   fseek(fd,DATASTART+inode->di_addr[block] * BLOCKSIZ+block_off,SEEK_SET);
   fwrite(temp_buf,1,BLOCKSIZ-block_off,fd); //填满该块
   temp_buf+=BLOCKSIZ-block_off;
   for(i=0;i<(size-(BLOCKSIZ-block_off))/BLOCKSIZ;i++)
   {  inode->di_addr[block+1+i]=balloc( );
      fseek(fd,DATASTART+inode->di_addr[block+1+i] * BLOCKSIZ,SEEK_SET);
      fwrite(temp_buf,1,BLOCKSIZ,fd);                //写入下一空闲块
      temp_buf+=BLOCKSIZ;
```

```
    }
    block_off=(size-(temp_buf -buf))%BLOCKSIZ;
    inode->di_addr[block+size/BLOCKSIZ]=balloc( );
    block = inode->di_addr[block+size/BLOCKSIZ];
    fseek(fd,DATASTART+block * BLOCKSIZ,SEEK_SET);
    fwrite(temp_buf,1,block_off,fd); //写入最后一块
    inode->di_size=sys_ofile[user[k]. u_ofile[fd_2]]. f_off+=size;
      //记录文件大小
    return size;
  }
```

(18) 注册和退出函数 login( )和 logout( )　　　(文件名 log. c)

```
#include "stdio. h"
#include "filesys. h"
int login(uid,passwd)
unsigned short uid;
char * passwd;
{   int i,j;
for(i=0;i<PWDNUM;i++)
  {  if((uid==pwd[i]. p_uid)&&(! strcmp(passwd,pwd[i]. password)))
      {
      for(j=0;j<USERNUM;j++)
          if(user[j]. u_uid==0)
  {
      break;
  }
      if(j==USERNUM)
          {  printf("\ntoo much user in the system,please wait to login \n");
                return 0;
          }
      else
          {
          user[j]. u_uid=uid;
          user[j]. u_gid=pwd[i]. p_gid;
          user[j]. u_default_mode=DEFAULTMODE;
          }
      break;
      }
```

```
    }
    if(i==PWDNUM)
        {  printf("\nincorrect password \n");
           return 0;
        }
    else
        return 1;
    }
    int logout(uid)           /* logout */
    unsigned short uid;
    {  int i,j,k,sys_no;
    struct inode *inode;
    for(k=0;k<USERNUM;k++)
            if(uid==user[k]. u_uid)
            {
                i=k;
      break;
    }
    if(k==USERNUM) printf("\n no such a user \n");
                return NULL;
            }
    for(j=0;j<NOFILE;j++)
        {  if (user[i]. u_ofile[j]! =SYSOPENFILE+1)
          {  /* iput the inode free the sys_ofile and clear the user_ofile */
          sys_no=user[i]. u_ofile[j];
          inode=sys_ofile[sys_no]. f_inode;
          iput(inode);
          sys_ofile[sys_no]. f_count--;
          user[i]. u_ofile[j]=SYSOPENFILE+1;
          }
      }
    return 1;
    }
```

参考文献

[1] 徐虹，何嘉，张钟澍. 操作系统实验指导. 北京：清华大学出版社，2005.

[2] 张红光，蒋跃军. UNIX 操作系统实验教程. 北京：机械工业出版社，2006.

[3] 张尧学. 计算机操作系统教程（第 3 版）习题解答与实验指导. 北京：清华大学出版社 2006.

[4] 任爱华，李鹏，刘方毅. 操作系统实验指导. 北京：清华大学出版社 2004.

[5] 罗宇，邹鹏，邓胜兰. 操作系统（第 2 版）. 北京：电子工业出版社 2008.

[6] 梁红兵，汤小丹. 计算机操作系统学习指导与题解（第 3 版）. 陕西：西安电子科技大学出版社，2003.